新工科暨卓越工程师教育培养计划电子信息类专业系列教材
普通高等学校"双一流"建设电子信息类专业特色教材

丛书顾问/郝 跃

CICENG WULI JICHU DAOLUN

磁层物理基础导论

■ 编 著/王 慧 倪彬彬

U0370122

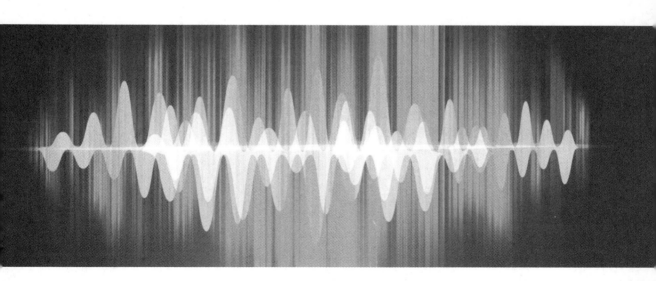

华中科技大学出版社
http://press.hust.edu.cn
中国·武汉

内 容 简 介

　　磁层物理是 20 世纪 60 年代诞生的一门重要学科,是空间物理学的一个极为活跃的前沿分支。本书对磁层等离子体和相关基础物理问题进行了较为系统的介绍,并介绍了电磁场和等离子体基础理论。全书分为 6 章,包括地球的磁层基本现象、单粒子轨道运动理论、分子动力学理论、磁流体动力学理论、波动现象、波粒相互作用。本书一方面详细介绍了基本的数学物理分析方法,详述了部分数学公式和定理的推导过程;另一方面对与地球磁层相关的基本物理知识进行了介绍。本书可供磁层物理及其相关空间物理学科的研究生及相关科研工作者参考使用。

图书在版编目(CIP)数据

磁层物理基础导论/王慧,倪彬彬编著.—武汉:华中科技大学出版社,2023.7
ISBN 978-7-5680-9387-3

Ⅰ.①磁…　Ⅱ.①王…　②倪…　Ⅲ.①磁层物理学　Ⅳ.①P353

中国国家版本馆 CIP 数据核字(2023)第 125662 号

磁层物理基础导论
Ciceng Wuli Jichu Daolun

王　慧　倪彬彬　编著

策划编辑:范　莹
责任编辑:刘艳花　李　露
责任校对:林宇婕
封面设计:秦　茹
责任监印:周治超

出版发行:华中科技大学出版社(中国·武汉)　　电话:(027)81321913
　　　　　武汉市东湖新技术开发区华工科技园　　邮编:430223
录　　排:武汉市洪山区佳年华文印部
印　　刷:武汉市洪林印务有限公司
开　　本:787mm×1092mm　1/16
印　　张:7.5
字　　数:168 千字
版　　次:2023 年 7 月第 1 版第 1 次印刷
定　　价:38.00 元

前　言

　　空间物理与空间环境科学领域与航天、通信、导航、电力领域，以及人类生存环境和社会发展息息相关。磁层物理是 20 世纪 60 年代诞生的一门重要学科，是空间物理学的一个极为活跃的前沿分支，近几十年来在我国有了长足的发展，也是空间环境未来的研究热点。研究磁层物理对我国航天活动和空间应用的安全保障具有重要意义。

　　磁层空间分布着大量的无碰撞等离子体和各种波动现象。本书运用电磁场理论和等离子体理论，对磁层等离子体和相关物理问题进行了较为深入的介绍和分析。这对于揭秘空间环境多圈层之间的能量耦合过程，理解太阳风能量向近地空间的传输、转换与耗散过程具有重要意义。全书分为 6 章，第 1 章为地球的磁层基本现象，第 2 章为单粒子轨道运动理论，第 3 章为分子动力学理论，第 4 章为磁流体动力学理论，第 5 章为波动现象，第 6 章为波粒相互作用。全书对与地球磁层相关的基本物理知识进行了较为详细的介绍，并介绍了具体的研究方法。本书可供磁层物理及其相关空间物理学科的研究生及相关科研工作者参考使用。

　　武汉大学电离层-磁层实验室的张科灯博士和研究生们参与了本书的讨论和编辑，提出了宝贵意见。华中科技大学出版社和本书的编辑为本书的出版提供了多方面的支持。谨此一并致谢。

　　欢迎读者给予批评指正。

王　慧

2023 年 4 月于武汉大学

目 录

1

地球的磁层基本现象

空间物理学是人造卫星发射成功后形成的并得到迅速发展的新兴交叉学科,主要研究行星际空间、地球磁层、电离层、中高层大气等广阔区域中的物理过程和演化规律,其是一门前沿性的基础学科。太阳活动影响整个日地系统,通常表现为太阳黑子、耀斑、日冕物质抛射和日珥等。活跃的太阳活动通常伴随强烈的辐射和能量释放,其中一部分辐射和能量会到达近地空间,引起地球空间环境的剧烈改变。

地球磁层,是在太阳风和地球磁场相互作用下形成的受控于地球磁场的等离子体区域,在向阳方向上从电离层顶部延伸至超过十几个地球半径(R_e)处,在背阳方向上延伸至几百个地球半径处。磁层中的等离子体受到地磁场的影响,地磁场形成的天然防护罩可以减少太阳风对地球大气的侵蚀,保护地球免受太阳风及宇宙射线的辐射的影响。磁层大致可以分为外磁层和内磁层,外磁层包括磁层顶、等离子体幔、磁尾和等离子体片等结构。根据粒子所处能级的不同,内磁层可以分为辐射带(MeV 量级)、环电流(keV 量级)和等离子体层(eV 量级),三者在空间上可能存在交叠。磁层与电离层通过地球磁力线相连而紧密耦合,两个区域发生着能量、动量和质量的相互交换。电离层与热层通过电动力学过程也会相互影响,因此我们在理解磁层现象时也需要考虑电离层和热层的物理过程。

本章首先简要介绍地球磁场的主要特征,然后阐述地磁场与太阳风之间的相互作用。本章涉及的基础理论知识将在后续几章详细说明。

1.1 地磁场

1.1.1 地磁场构型

在没有电流的区域,地磁场可以看作无旋场,因此地球表面的磁场可以表示为标量磁势的梯度:$\vec{B} = -\nabla(\Phi_i + \Phi_e)$,其中,$\Phi_i$ 和 Φ_e 分别表示内部源和外部源所产生的标量势。由于磁场无散($\nabla \cdot \vec{B} = 0$),所以 $\nabla \cdot \nabla(\Phi_i + \Phi_e) = \nabla^2(\Phi_i + \Phi_e) = 0$,该拉普拉斯方程

的解可以用球谐勒让德函数表示为

$$\Phi_i = R_e \sum_{n=1}^{\infty} \sum_{m=0}^{n} \left(\frac{R_e}{r}\right)^{(n+1)} P_n^m(\cos\theta)\left[g_n^m\cos(m\phi) + h_n^m\sin(m\phi)\right] \quad (1.1)$$

$$\Phi_e = R_e \sum_{n=1}^{\infty} \sum_{m=0}^{n} \left(\frac{r}{R_e}\right)^{n} P_n^m(\cos\theta)\left[G_n^m\cos(m\phi) + H_n^m\sin(m\phi)\right]$$

其中,θ 和 ϕ 分别是地理纬度与地理经度,函数 $P_n^m(\cos\theta)$ 是 n 次 m 阶缔合勒让德多项式:

$$p_n^m(\cos\theta) = \begin{cases} P_n(\cos\theta) & m=0 \\ \sqrt{\dfrac{2(n-m)!}{(n+m)!}}(1-\cos^2\theta)^{m/2}\dfrac{\mathrm{d}^m P_n(\cos\theta)}{\mathrm{d}(\cos\theta)^m} & m>0 \end{cases} \quad (1.2)$$

高斯系数 g_n^m、G_n^m、h_n^m、H_n^m 通过将地面和星载磁场测量值对解析式进行拟合来确定。由于地磁场随时间缓慢变化,国际参考地磁场模型(international geomagnetic reference field,IGRF)大概每 5 年就要公布一次高斯系数表。上述解析表达式的一级近似($n=1$)为磁偶极子场,二级近似($n=2$)为磁四极子场,依此类推,n 级近似则来自磁 2^n 极子的贡献。这里要说明的是,$n\neq 0$,因为自然界不存在磁荷。

地球的内源场包括两个部分,一个是地磁主场,另一个是岩石场,地磁主场起源于地球核,地面上大约 90% 的磁场是由它引起的,赤道磁场的强度约为 30000 nT,极区磁场的强度约为 60000 nT。岩石场占地球内源场的一小部分,也称为地壳岩石场,其起源于地壳和上地幔,地面强度为几 nT 到几千 nT,这部分场也称作异常场,在地球表面仅仅可以观测到波长小于 2500 千米的岩石场,更长波长的信号被地球主磁场掩盖。

外源场主要是由地球周围的电流系产生的磁场,其包含磁层电流和电离层电流。由于外源场变化复杂,用模式描述瞬时磁场很困难,目前尚无瞬时外磁场的模式,只存在若干一定扰动条件下的平均外源场模式,如 Tsyganenko 磁层磁场模式(包括内源场和外源场),该模式在许多磁层物理问题的研究中已被广泛采用。Tsyganenko 磁层磁场模式是对多颗卫星在不同磁扰水平条件下取得的多个磁场矢量观测数据进行分析拟合得到的经验模式,这些观测覆盖了相当大的磁层空间,适用于 $4\sim70R_e$ 的空间范围。该模式包含了地球主磁场和主要磁层电流系产生的磁场,可以给出在不同磁扰条件下磁层磁场的平均分布,包括在不同 Kp、AE、Dst 指数和太阳风行星际磁场条件下的平均磁层磁场位形。

下面介绍与地磁场构型相关的几个比较重要的角度概念。

(1) 地球偶极子轴(地磁轴)与地球自转轴(地理轴)并不重合,它们之间存在地磁倾角,该倾角在北半球约为 11°,在南半球约为 15°。地磁轴与地理轴的分离对磁层、电离层和热层有重要的影响,带电粒子的运动主要受控于地磁场,适合在地磁坐标系中研究,而中性成分的粒子适合在地理坐标系中研究。带电粒子和中性粒子通过电动力学过程耦合在一起,会导致电离层和热层出现很多有趣的现象。由于地理极与地磁极不重合,特定地磁纬度带所对应的地理纬度有明显的地理经度变化,因此固定地磁纬度带的太阳辐射强度存在明显的经度差异,导致同一地磁纬度带区域受到的热辐射并不均匀,这对磁层-电离层和热层的区域性差异产生了重要影响。

(2) 地球自转轴向黄道面倾斜了大约 23.5°。由于地球每天会自转和围绕太阳公转,日地连线和地球偶极子轴之间的角度在 56°～90° 之间变化。受太阳风与地球磁场的相互作用的影响,这些角度的变化对日地能量耦合效率、地球磁层-电离层等多圈层的结构(如日、半年和年变化等)有重要影响。

(3) 地球偶极倾角是指地球偶极子轴和地心太阳磁层坐标系 z 轴间的夹角,由于地球赤道平面与黄道面之间的夹角及地球自转轴与地球偶极子轴间的夹角的存在,地球偶极子轴和 z 轴间的夹角随季节和世界时变化。在春季,地球偶极倾角的绝对值基本小于 10°,而在夏季,地球偶极倾角的绝对值基本大于 10°。地球偶极倾角对太阳风与磁层的能量耦合效率有重要的影响,地球偶极倾角较小的条件下,重联率更高,太阳风能量更容易进入地球空间,当地球偶极倾角逐渐变大时,耦合效率逐渐减弱。地球自转导致地球偶极倾角存在日变化,这也影响能量耦合效率。这些因素导致地磁活动存在季节变化和日变化。地球偶极倾角变化引起的另一个明显变化是磁极与极盖区地理位置的改变。极盖区指的是开放磁力线和闭合磁力线之间的边界所包围的区域,即太阳风能量、动量向地球空间注入的主要地区,其以磁极为中心。太阳风-磁层耦合效率的变化会影响极盖区的尺寸,从而影响电离层对流结构的位置、高能粒子沉降和焦耳加热区域的空间分布。地球偶极倾角发生变化还可以改变某特定地理位置处的磁力线方向。地磁倾角发生变化可以改变电离层等离子体的垂直输运过程,从而对电离层峰值电子密度及峰值高度等产生重要影响。

地磁场通过洛伦兹力对磁层和电离层带电粒子的运动产生重要影响,控制等离子体的时空分布。同时,电离层带电粒子与热层中性大气的相互碰撞(离子拖曳)是电离层-热层耦合系统中最重要的基本物理过程之一,可以使电离层带电粒子与热层中性大气产生相互作用,并引发诸多相似而复杂的电离层-热层现象。因此,地磁场也能间接影响热层中性大气。例如:赤道热层风激流的峰值沿磁赤道分布而不是沿地理赤道分布,这表明了地磁场对中性成分的重要控制作用;低纬热层大气和离子纬向漂移均存在类似的东向超级旋转现象,地磁场的构型比背景电离层电子密度对大气超旋转的影响更重要;电离层磁赤道异常和热层大气质量密度异常之间有密切联系;磁赤道地区的等离子体泡与大气密度耗空现象也有联系等。

另一方面,由于地磁场倾角与偏角不为零,热层风可以拖曳等离子体沿磁力线运动,通过升高或降低电离层影响电离层电子密度的空间分布,热层中性风导致等离子体的垂直速度为

$$V_\perp = v_n \cos D \cos |I| \sin |I| \pm u_n \sin D \cos |I| \sin |I| \qquad (1.3)$$

其中,$V_\perp$ 是等离子体垂直速度,v_n 是地理经向风风速,u_n 是地理纬向风风速,I 是磁倾角(磁场矢量和水平面的夹角,也称为地磁倾角),D 是磁偏角(磁场水平分量和地理北之间的夹角,也称为地磁偏角)。由式(1.3)可知,当磁倾角 $I=0°$ 或 90° 时,风场对等离子体速度的影响可以忽略;当 $I=45°$ 时,同一速度的风场产生的等离子体速度达到最大值,其造成的电离层升高或下降效果最显著。当地磁偏角 D 为负时,东风驱动等离子

体沿磁力线向下运动到高复合率的高度,导致离子损失率增大,造成电离层等离子体密度减小;当地磁偏角 D 为正时,东风驱动等离子体沿磁力线向上运动到低复合率的高度,此时离子损失率减小,等离子体密度增大。有趣的是,磁偏角和磁倾角均存在明显的地理经度差异,因此,热层风对等离子体的影响亦呈现出明显的经度差异,引起电离层电子密度和电流的经度差异。

中性风在地磁场中的剪切运动可以产生电场(风发电机效应):$\vec{E} = \vec{U} \times \vec{B}$,由于沿磁力线的平行电导率较大,白天 E 层发电机电场可沿近似等势线的磁力线投射到更高高度的 F 层。由于 F 层中带电粒子与中性成分之间的碰撞频率远小于粒子的回旋频率,电场可驱动等离子体垂直于磁力线漂移,速度为 $\vec{v} = \dfrac{\vec{E} \times \vec{B}}{B^2}$。在白天,风发电机效应产生的东向电场驱动赤道地区的等离子体垂直于磁力线向上漂移,当到达较高的高度之后,在重力与压强梯度的作用下,沿磁力线向南北两侧运动,产生位于赤道地区南北 $10°$ 至 $20°$ 磁纬度处的电子密度驼峰,形成电离层磁赤道异常现象。由于离子拖曳力的存在,热层大气质量密度也出现类似异常现象,即在磁赤道两侧出现大气质量密度的峰值,而在磁赤道处出现谷值。

电离层和热层有显著的地理经度差异,除了低层大气潮汐的影响之外,地磁场构型在电离层的经度差异中也扮演了重要的角色。所谓经度差异指的是电离层与热层参数在同一地方时不同经度带的密度、速度、温度等具有明显的差异。在某个特定纬度带,磁偏角、磁倾角及地磁强度均有明显的经度差异,从而影响太阳辐射加热、焦耳加热和摩擦加热的经度分布,因此,经度差异在电离层等离子体输运及离子-中性成分之间的碰撞等物理过程中扮演了关键的角色。研究发现,地磁场构型主导了中纬度电离层电子密度、热层纬向风和超级旋转现象的经度差异及其地方时变化、半球不对称性、季节依赖性。可以预见,这些电离层和热层的区域性差异也能影响磁层物理过程。

1.1.2 地磁坐标系

下面介绍地磁坐标系。若已知地磁极的地理坐标,则可以推得偶极子场中的地磁坐标(磁纬度 λ_M 和磁经度 ϕ_M)与地理经纬度之间的关系为

$$\sin\lambda_M = \sin\lambda\sin\lambda_p + \cos\lambda\cos\lambda_p\cos(\phi - \phi_p) \tag{1.4}$$

$$\sin\phi_M = \frac{\cos\lambda\sin(\phi - \phi_p)}{\cos\lambda_M}$$

其中,λ 是地理纬度,ϕ 是地理经度,ϕ_p 和 λ_p 是磁北极点的地理经纬度。

在空间物理中,还会用到另外一些地磁坐标系。

(1) Apex 地磁坐标系使用 IGRF 主磁场模型跟踪磁力线到离地球表面的最高点,该顶点在偶极地磁坐标系中的经度定义为 Apex 经度,顶点的高度为 h_A,地心距离为

$$A = 1 + \frac{h_A}{R_{eq}} \tag{1.5}$$

其中,R_{eq} 为地球大地水准面的赤道半径(大地水准面的定义是:假设海水面处于静止平衡状态,将其延伸到大陆下面,构成一个遍及全球的闭合曲面,这个曲面就是大地水准

面),Apex 纬度为

$$\lambda_m = \pm \cos^{-1} \left(\frac{R_e + h_R}{R_e + h_A} \right)^{0.5} \qquad (1.6)$$

其中,h_R 是参考高度,通常取为 110 km,R_e 是地球半径(正值表示北半球,负值表示南半球)。该坐标系的一个特点是,沿同一根磁力线,纬度不随高度变化。

(2)准偶极坐标系中,纬度为

$$\lambda_q = \pm \cos^{-1} \left(\frac{R_e + h}{R_e + h_A} \right)^{0.5} \qquad (1.7)$$

经度同 Apex 经度,第三个坐标是高度 h。与 Apex 纬度 λ_m 不同的是,准偶极坐标纬度 λ_q 沿磁力线随高度发生变化,在磁赤道附近纬度为零。

(3)闭合磁力线区域(内磁层区域)通常用 L 参数和纬度不变量来描述,L 参数表示磁赤道处磁力线的中心距离(用地球半径衡量)。纬度不变量是磁力线到达地球表面的磁纬度。其中,纬度不变量 λ_i 与 L 参数的关系是

$$L = 1/\cos^2 \lambda_i \qquad (1.8)$$

1.2 太阳风与地磁场的相互作用

1.2.1 Chapman-Ferraro 模型

太阳辐射的高速准中性等离子体流可与地球的偶极磁场相互作用,这些低密度的等离子体流呈现准中性,其包含相同数量的正负电荷粒子。在这种低密度等离子体中,碰撞效应作用可忽略,因此这些等离子体流被认为是高度导电的流体。当高导电性太阳风等离子体云接近地球偶极场时,可以被视为一个移动的无穷大的导体平面(表面)。地磁场无法穿透该导体表面,会在该导体表面产生感应电流,将地球偶极场抵消。地磁场与太阳风的相互作用使得地磁场被压缩。

1.2.2 弓形激波

将地球磁偶极子置于高速磁化的等离子体流中,超音速、超低频的太阳风在地球前方会形成一个激波。由于太阳风的速度比阿尔文速度快得多(马赫数较大),因此需要求解压缩激波方程,得到跃变条件为

$$
\begin{aligned}
\rho_2 &= 4\rho_s \\
p_2 &= \frac{3}{4} \rho_s u_{ns}^2 \\
B_{t2} &= 4 B_{ts} \\
u_{n2} &= \frac{1}{4} u_{ns} \\
u_{t2} - u_{ts} &= 3 \frac{B_{ns} B_{ts}}{\mu_0 \rho_s u_s}
\end{aligned}
\qquad (1.9)
$$

其中,下标 s 代表太阳风,下标 n 和 t 分别代表冲击面的法向分量和切向分量,下标 2

代表弓形激波下游的条件,ρ 为质量密度,p 为动压,u 为速度,B 为磁感应强度。这表明,磁场的切向分量在激波下游增大,但是法向速度减小。这种激波也被称为弓形激波,它将自由流动的太阳风与地球磁场区域分离开来。弓形激波的位置基本上是由磁层顶的形状和大小决定的。弓形激波和磁层顶之间的区域称为磁鞘。磁鞘内部充满了太阳风等离子体,绕着磁层顶流动。这种等离子体比外围的太阳风流密度大、温度高,但速度却慢得多,磁场扰动水平要高得多。

1.2.3 磁层顶

日侧磁层顶可以被认为是一个切向不连续面,它将受冲击的太阳风与地球磁偶极子场主导的区域隔开。在切向不连续处,等离子体无法穿过不连续界面,磁场的法向分量为零。同时切向磁场分量、密度和压强都是不连续的。然而,总压强(热压加磁压)在磁层顶处得到平衡。下面我们来推导磁层顶的位置,在磁层顶内部,总压强由压缩的地球偶极子场控制,热压相对较小,可以忽略。在磁层顶外部,总压强为太阳风的热压和磁压之和。在一阶近似中,可以忽略磁场切向分量。在这种情况下,压强平衡方程变成

$$\rho_s u_s^2 = \frac{2B_e^2}{\mu_0}\left(\frac{R_e}{R_{mp}}\right)^6 \tag{1.10}$$

其中,ρ_s 为太阳风粒子质量密度,u_s 为太阳风速度,μ_0 为真空磁导率,B_e 为地球表面的赤道磁场强度,R_{mp} 为磁层顶距地心的距离,对于典型的太阳风情况,可计算得到磁层顶向阳面的位置为 $10R_e$。

磁层顶的位置受太阳风行星际磁场、太阳风动力学压强等的影响,到目前为止,相关人员已经建立了多种磁层顶经验模型。通常来说,弓形激波位于磁层顶前 $3R_e$ 处,超声速的等离子体流穿过激波后变成亚声速的,绕过磁层顶流向下游,损失的能量耗散成热能,温度为 5×10^6 K;磁层顶与弓形激波之间的区域称为磁鞘,典型密度为 20 cm^{-3};磁层顶包含的等离子体能量约为 0.1 eV,平均密度为 10^3 cm^{-3};低纬边界层的等离子体介于磁鞘和磁层之间,密度为 $0.5\sim10$ cm^{-3},温度为 $100\sim2000$ eV(1 eV 等于 11600 K),尾向流速为 100 km/s,低纬边界层是向阳侧场向电流的源所在的位置;极隙区为磁层向阳侧两个漏斗状的区域,磁场约为零,极隙区等离子体和磁鞘等离子体类似,在极隙区可能发生等离子体不稳定性;等离子体幔,也称作高纬边界层,其密度比磁层顶的低很多,温度与磁鞘等离子体的相近,大约为 10^6 K,向尾流速为 100 km/s,它是磁鞘和磁尾瓣的过渡区域;磁尾瓣是一个低密度区域($0.01\sim0.1$ cm^{-3}),宽度约为 $60\sim90R_e$,磁场不再是偶极子磁场,而是由磁场近乎反平行的两个分离区域组成,强度大概为 20 nT,其间的转换区通常称为中性片,磁尾瓣很重要,因为进入向日面的能量,一部分会在磁尾瓣暂时以等离子体能量及磁场能量的形式储存起来;等离子片占据以磁尾中间平面为中心,厚度约为 $10R_e$ 的区域,其内边界的地心距离为 $5\sim10R_e$,等离子片中的等离子体是热而稀薄的,其密度为 $0.1\sim1$ cm^{-3},能量为 $1\sim40$ keV,等离子片中主要的粒子成分是 H$^+$(被认为起源于太阳和电离层),其次是 O$^+$(被认为起源于电离层),总体来说,平静期,等离子片中的离子主要来自于太阳,而在扰动期,则主要来自于电离层,等离子

片映射到电离层的极光椭圆带,等离子片包含越尾电流片(大部分位于闭磁力线内),等离子片边界层是几乎真空的磁尾瓣和热的等离子片的过渡区域;等离子体层大致是偶极子磁力线旋转一周所形成的旋转体,其主要离子成分为 H^+,其次是 He^+,然后是 O^+,等离子体层的外边界称为等离子体层顶,在等离子体层顶附近,电子密度随地心距离增加而很陡地下降,等离子体层顶以内,质子密度为 10^2 cm^{-3},温度为 0.3 eV,在等离子体层顶以外,每立方厘米只有几个质子,温度大于 1 eV,等离子体层顶的位置受地磁活动的影响,扰动期间,等离子体层顶收缩。

1.2.4　等离子体层

等离子体层是位于地球磁层底部,电离层上方的圆环形区域,是电离层到外磁层的过渡区,其内部充满了稠密的冷等离子体,密度通量随着地心距的减小而增大。等离子体层中的稠密的冷等离子体起源于电离层,在空间上与辐射带共存,延伸至 3~6R_e。在等离子体层的内部,在对流电场和共转电场的共同作用下,粒子被冻结在封闭的地磁力线中,与地球同步旋转。等离子体层外部形成了一个较大的密度梯度,即为等离子体层顶,是等离子体层的外边界,其位置随太阳活动的变化而改变,一般在 $L=4$~6R_e 的范围内(对应的地面纬度为 60°~65°)。当太阳活动较为平静时,等离子体层顶距地心 5~6R_e;而随着太阳活动变得剧烈,等离子体层顶会被压缩至 4R_e 的范围之内。

等离子体层受到太阳风引起的磁层电场的影响,在低边界受到顶部电离层的影响。等离子体层是非常动态的,在几小时内不断处于变化、收缩和侵蚀的状态,以响应不断增强的地磁活动。当地磁活动增强时,在太阳风与地球磁层的相互作用下,磁层两侧的电势差增加,对流电场增强,使得等离子体层的外部区域被侵蚀掉,等离子体层收缩。被侵蚀的等离子体层提供了形成等离子体羽流的物质,如果扰动电场足够强,可在当地时间下午形成等离子体羽流,有时甚至会延伸到日侧的磁层顶。随着磁层电场逐渐恢复,等离子体层在几个小时甚至几天的时间尺度上被电离层等离子体沿着磁力线重新填充,从而变得更密集,平均半径更大,甚至可以扩展到同步地球轨道之外,并表现出局部不太清晰的外边界。随着逐渐进入地磁平静期,等离子体羽流会开始随着地球旋转。等离子体层顶附近低能粒子和高能粒子的相互作用,有利于各类电磁波的产生。

1.3　磁层电流系

带电粒子的运动形成电流,从而激发磁场。磁层主要包括四大类型的电流系,它们在磁层-电离层耦合过程中起着重要作用。这四类大尺度电流系包括:磁层顶电流、环电流、中性片电流和场向电流,如图 1.1 所示。

1.3.1　磁层顶电流

磁层顶电流(magnetopause current),也称为 Chapman-Ferraro 电流,是围绕磁层

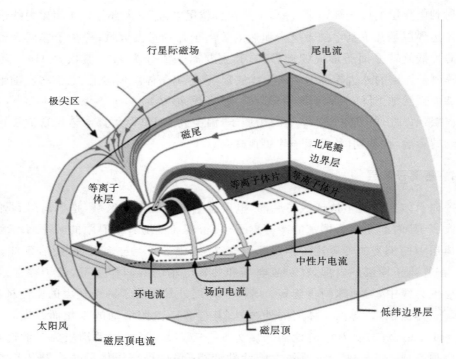

图 1.1 磁层结构和电流系,实线表示电流,虚线表示等离子体流

顶流动的电流系统。在向阳面,磁层顶电流向东流动,即沿晨昏方向横越磁层的日下点,磁层顶电流自身形成回路或部分和磁尾电流形成回路。这种电流系统产生的磁场在磁层顶外可以抵消地球偶极子场。从单磁流体动力学方程出发可计算磁层顶电流,忽略重力场的影响,考虑稳恒条件下,连续性方程和动量方程可表示为

$$\mathbf{\nabla}(\rho_{\mathrm{m}}\vec{u})=0$$
$$(\rho_{\mathrm{m}}\vec{u}\cdot\mathbf{\nabla})\vec{u}+\mathbf{\nabla}p-\vec{J}\times\vec{B}=0 \tag{1.11}$$

将连续性方程带入动量方程,可以写成

$$\mathbf{\nabla}(\rho_{\mathrm{m}}u^2+p)=\vec{J}\times\vec{B} \tag{1.12}$$

如果忽略磁层顶外的磁场和内部粒子的作用,磁层顶电流密度可由下式给出:

$$\vec{J}_{\mathrm{mp}}=\frac{\vec{B}_{\mathrm{p}}}{B_{\mathrm{p}}^2}\times\mathbf{\nabla}(\rho_{\mathrm{m}}u^2+p) \tag{1.13}$$

其中,$\vec{B}_{\mathrm{p}}$ 是磁层顶的磁场强度。磁鞘层中的总压强大约等于自由流动的太阳风动压,因此,可以将磁层顶电流的大小估计为

$$J_{\mathrm{mp}}\approx\frac{\rho_{\mathrm{m}}u^2}{B_{\mathrm{p}}d} \tag{1.14}$$

其中,d 是磁层顶的厚度。通常情形下,典型值如下:$B_{\mathrm{p}}\approx3\times10^{-8}$ T,$d\approx500$ km,$u\approx400$ km/s,这样可以计算得到 $J_{\mathrm{mp}}\approx10^{-7}$ A/m^2。

1.3.2 环电流

环电流(ring current)是在地心距 $3\sim7R_{\mathrm{e}}$ 处绕地球由东向西流动的电流,其是由

地磁场捕获的高能粒子($10\sim200$ keV,H^+和O^+)维持的,平静期,H^+占主导地位,磁暴期,O^+占主导地位。磁暴期时,环电流离地球更近,电流大大增强,使地面磁场水平分量大幅度下降。平静期时,环电流总强度为10^6 A 量级,磁暴期时,环电流总强度会增大几倍。通常认为环电流中的O^+来自高纬电离层离子的上行。电离层O^+在摩擦、焦耳加热或平行电场的作用下,上行至较高的区域,再进一步通过其他加速或加热过程(如波-粒相互作用)进入磁层区域。传统的观点是,进入外磁层的离子背日流向磁尾,再在对流电场的作用下进入内磁层区域,这个传输过程需要经历很长的时间。后续报导发现,极光椭圆带、亚极光区、低纬处的O^+上行可以直接进入内磁层区域,因此传输时间可以大大缩短,亚极光区极化流和赤道纬向电场均可以引起O^+的有效上行使O^+直接进入等离子体层和环电流区域。O^+能量从电离层里的几 eV 增至内磁层中的几keV,其加速过程包括电离层摩擦加热、地磁场的偶极化、波粒相互作用等。O^+对环电流和磁暴的发生、发展,以及内磁层的波(如阿尔文波、电磁离子回旋波等)的激发均产生了重要影响。O^+还能改变日侧的重联率,影响太阳风和磁层能量的耦合。部分环电流是亚暴期从等离子体片注入的粒子漂移形成的,它使地面磁场变化具有角向不对称性。环电流的本质是粒子在磁场中的梯度-旋度漂移,由于电子和离子的梯度-旋度漂移方向相反,因此会产生西向环电流。

　　下面推导环电流的强度。假设所有环电流粒子(其磁赤道面的初始投掷角为$90°$)被捕获在 L 壳磁力线上(以地球半径R_e为参考),赤道磁场强度为B_e,粒子的质量和速度分别为m和v,梯度-旋度漂移速度为

$$\vec{V}_{gc} = -\frac{3}{2}\frac{m v^2}{q}\frac{L^2}{B_e R_e}\vec{e}_\varphi \tag{1.15}$$

　　假设环电流粒子的总数为N,则总电流强度可以表示为

$$I_{rc} = -\frac{3L^2}{B_e R_e}\sum_{s=e,i}N_s\frac{m_s v_s^2}{2} \tag{1.16}$$

　　这里用环电流粒子的总能量E_{rc}来表示环电流携带的总电流强度。总能量E_{rc}表示为

$$E_{rc} = 2\pi L R_e\left(\sum_{s=e,i}N_t\frac{m_s v_s^2}{2}\right) \tag{1.17}$$

可得到以下结果:$I_{rc}=\dfrac{3LE_{rc}}{2\pi B_e R_e^2}$,方向为西向。

　　根据麦克斯韦方程组的 Biot-Savart 定律:$\vec{B}(r)=\dfrac{\mu_0}{4\pi}\displaystyle\int d^3r'\frac{\vec{J}(\vec{r'})\times(\vec{r}-\vec{r'})}{|\vec{r}-\vec{r'}|^3}$,半径为$r$的圆环的中心的磁场强度为$\vec{B}=\dfrac{\mu_0 I}{2r}\vec{e}_z$,其中,$z$轴垂直于回路平面。地球中心环电流$I_{rc}$产生的磁场扰动可以表示为

$$\Delta\vec{B} = -\frac{3\mu_0 E_{rc}}{4\pi B_e R_e^3}\vec{e}_z \tag{1.18}$$

其中,$\vec{e}_z$的方向为地磁轴(计算过程中忽略了环电流磁矩产生的磁场)。值得注意的是,磁场扰动与 L 值无关。地面的磁场扰动为负值(南向扰动),表明环电流削弱了北

向的地磁场。很明显,用磁场扰动的强度可以度量环电流粒子的总能量。

内磁层粒子的漂移路径不一定闭合,这是因为磁层中存在其他电场(如对流电场和共转电场等)。在赤道平面,磁层对流电场通常从黎明(晨侧)指向黄昏(昏侧)。在内磁层中,地磁场可以近似用偶极子场代表。磁赤道平面的电场漂移速度可以表示为

$$v_E = \left|\frac{\vec{E}\times\vec{B}}{B^2}\right|_{eq} = \frac{E}{B} = L^3\frac{E}{B_{eq}} \tag{1.19}$$

其中,下标 eq 表示赤道平面,B_{eq} 表示地球赤道处的磁场强度。晨昏向电场矢量导致的漂移是向阳方向的(与粒子电荷极性无关,因此这种漂移不会产生电流),并且它与 L^3 成正比。然而,由于粒子的梯度-旋度漂移与 L^2 成正比(见式(1.19)),在较大的地心距离上,电场漂移通常比磁场梯度-旋度漂移更重要。靠近地球时,磁场漂移占主导地位,漂移路径是闭合轨迹,这是环电流的区域。

1.3.3 中性片电流

中性片(neutral sheet current)电流,即磁尾电流,是由等离子体片粒子定向运动形成的,它把磁尾分成磁场方向相反的两瓣,电流流向为西向,由晨侧越过磁尾流向昏侧,在磁层顶的尾部与磁层顶电流形成回路,中性片电流在地球方向有很陡的内边界,磁尾中性片的厚度为几百至几千千米,距地球越近,中性片越厚。下面我们来计算磁尾电流。

磁尾起源于极盖的开放磁力线,其中的磁通量是整个极盖区域的磁场的径向分量,可表示为

$$\Phi_{PC} = 2\pi r^2\int_{\lambda_{PC}}^{\frac{\pi}{2}} B_r\cos\lambda' d\lambda' = -2\pi B_e R_e^2\cos^2\lambda_{PC} \tag{1.20}$$

其中,λ_{PC} 是极盖赤道侧边缘的磁纬度,B_e 是地球磁赤道的磁场强度。磁尾瓣中的磁通量为 $\Phi_T = \frac{1}{2}\pi R_T^2 B_T$,其中,$B_T$ 是磁尾的磁场强度(假设磁尾瓣的横截面是半径为 R_T 的圆)。来自北极盖的磁通量与北磁尾瓣的磁通量应该相等,即 $\Phi_{PC}=\Phi_T$。通过对这些通量进行等式计算,可得出磁尾横截面的半径为

$$R_T = \sqrt{\frac{4B_e}{B_T}}\cos\lambda_{PC} \tag{1.21}$$

使用典型值:$\lambda_{PC}\approx15°$,$B_e\approx3\times10^{-5}$ T,$B_T\approx2\times10^{-8}$ T,我们可计算得到 $R_T\approx20R_e$。

磁尾的磁场是由电流系产生的,根据安培定律的积分表达式可得

$$2B_T = \mu_0 I \tag{1.22}$$

其中,I 是中性片电流的强度(单位长度电流强度)。使用 $B_T=20$ nT,可计算得到中性片电流的强度为 $I=30$ mA/m。

1.3.4 场向电流

1908 年,挪威的物理学家 Kristian Birkeland 提出场向电流(field-aligned currents,FACs)的构想,到 20 世纪 60 年代末,该构想被卫星和地面磁场观测所证实。场向电流在电离层与磁层能量、动量及电耦合等方面的研究中起到了很重要的作用,场向电流的研究备受各国科学家的重视。磁层的能量在极区电离层主要通过焦耳热的形式消耗,动量耦合主要通过洛仑兹力实现,电耦合主要通过电磁感应现象实现。

场向电流是地球空间中经常存在的现象,即使是在地磁平静的日子也能观察到场向电流,场向电流区域和极光椭圆区域大致重合。卫星观测表明,在黎明时段,一种电流片在极向一侧沿着磁力线向下流,称作 1 区(R1)电流,另一种在赤道一侧沿着磁力线向上流,称作 2 区(R2)电流,在黄昏时段,场向电流流向相反。在平静或中等地磁扰动情况下,晨昏侧 R1 和 R2 场向电流始终处于非平衡状态,R1 场向电流的密度一般大于 R2 场向电流的。然而,在行星际磁场北向旋转和亚暴恢复相期间,R2 电流的密度可能大于 R1 电流的。当行星际磁场朝北向旋转时,极盖对流电势和 R1 电流迅速下降,因为它们直接与磁层顶相连,因此响应迅速。而 R2 电流起源于内磁层环电流区域,对行星际磁场的响应比 R1 电流慢几十分钟,所以 R2 电流在亚暴恢复阶段可能仍然处于发展阶段。因此,R1 电流很快减弱,但是 R2 电流减弱得更为缓慢,所以会出现 R2 电流的密度大于 R1 电流的情形,这与两种电流的磁层源区产生机制有关。R1 和 R2 对应的磁层区域不同,R1 映射到磁层外边界和磁尾区域,R2 映射到靠近地球的环电流区域。在子夜时段对应存在三片电流系,电流从中间流出,从两边流入电离层,通常认为与亚暴有关。扰动时期,场向电流向低纬侧移动,电流区域展宽,场向电流存在季节变化和日变化,这些都与电离层电导率有关。一般地说,如果把场向电流的分布和分立极光和弥散极光比较,就会发现 1 区向上的场向电流与晚上的分立极光相联系,2 区向下的场向电流对应弥散极光区域。

高纬现象大都存在与 IMF B_y 有关的正午前后不对称性。DPY 场向电流由一对极性相反的电流片组成,赤道一侧的似乎是晨侧($B_y>0$)或昏侧($B_y<0$)R1 电流的延续,极侧的电流片又称为 R0 电流或极隙电流。DPY 场向电流的极性受 IMF 方向的影响,而密度和所处纬度受 IMF 和地磁活动的影响。极盖 NBZ 电流主要存在于北向行星际磁场下,当 IMF $B_z>0$ 时,向阳侧和背阳侧的极盖区将充满 NBZ 场向电流,位于 R1 电流的极侧,流向与 R1 电流相反,即晨侧流出电离层,昏侧流入电离层,NBZ 电流的晨昏不对称性依赖于 IMF B_y 分量。在南/北半球,当 B_y 大于零时,正午前/后的 NBZ 电流相对于正午后/前的电流来说,所处区域较窄,密度较大,但强度较小;当 B_y 小于零时,电流模式反转;当北向 B_z 很强时,R1 电流和 R2 电流仍然存在,但是 R2 电流的密度和覆盖区域较南向行星际磁场时减弱;当 $B_z<0$ 且 $B_y>0$ 时,向阳侧的 NBZ 电流系仍然存在,而背阳侧的不复存在。NBZ 电流表现出很明显的季节变化,在夏季时较强,在春秋分和冬季时较弱,这与极盖区电导率的季节变化有关,在夏季,当 IMF B_z 为 10 nT 时,向上和向下的 NBZ 电流几乎相等,整个 NBZ 电流的强度与 IMF B_z 成非线性关系,当 IMF $B_z<5$ nT 时,NBZ 电流密度很小,当 5 nT$\leq B_z\leq$10 nT 时,NBZ 电流随 B_z 的增加而迅速增加,当 IMF $B_z>10$ nT 时,NBZ 电流不再随 B_z 发生变化。

学界关于 NBZ 电流和 DPY FACs 之间的联系有不同看法。① 通常认为 NBZ 电流和 DPY FACs 是两个独立的电流类型，它们之间并无内在联系。② 另有学者注意到它们之间有密切的联系，当 IMF 从北转为昏向时，NBZ FACs 可以演化为 DPY FACs。其实这两种情形并非对立的，而是与地磁偶极倾角有关，地磁偶极倾角对 NBZ 电流和 DPY FACs 的源区和转变过程有重要影响，导致上述两种情形发生。除上述电流元（即 R1、R2、DPY、NBZ 电流）外，学界还发现了一种与 IMF B_x 分量有关的场向电流。在径向行星际磁场中，日侧极隙区有较强的 FACs，流向与 DPY 电流相反，而在子夜附近并不出现增强的电流。当 IMF 呈径向分布时，可与地球磁尾瓣开放磁力线重联，形成向日对流和场向电流元。强电流使大气层向外膨胀，增加了对中低轨道卫星的拖曳力，导致轨道衰减。这表明，在径向行星际磁场中，太阳风能量能有效地传送到电离层-热层空间。

场向电流源于磁层，磁层中的电流密度 $\vec{J}$ 可以通过下式与等离子体压强 P 和等离子体速度 $\vec{v}$ 相联系：

$$\rho \frac{\mathrm{d}\vec{v}}{\mathrm{d}t} = -\boldsymbol{\nabla} P + \vec{J} \times \vec{B} \tag{1.23}$$

将上式两边都 $\times \vec{B}$，则与磁场垂直的电流密度分量为

$$\vec{J}_\perp = \frac{\vec{B} \times \boldsymbol{\nabla} P}{B^2} - \frac{\rho \mathrm{d}\vec{v}}{B^2 \mathrm{d}t} \times \vec{B} \tag{1.24}$$

在磁层赤道平面内，电流散度一般不等于零，有散度的电流必须被流进和流出的电离层的场向电流所补偿。因此，根据电流连续性定律，可以得到以下方程：

$$\boldsymbol{\nabla}_\parallel \cdot \vec{J}_\parallel = -\boldsymbol{\nabla}_\perp \cdot \vec{J}_\perp \tag{1.25}$$

而 $\boldsymbol{\nabla}_\parallel \cdot \vec{J}_\parallel = B \frac{\partial}{\partial t}\left(\frac{\vec{J}_\parallel}{B}\right)$，结合式(1.25)，通过矢量运算，可以得到

$$B \frac{\partial}{\partial l}\frac{\vec{J}_\parallel}{B} = \rho \frac{\mathrm{d}}{\mathrm{d}t}\left(\frac{\omega}{B}\right) + \frac{\vec{J}_\perp \cdot \boldsymbol{\nabla} B}{B^2} - \vec{J}_{in} \frac{\boldsymbol{\nabla} n}{n} \tag{1.26}$$

其中，$\omega = \boldsymbol{\nabla} \times \vec{v}$ 是速度的旋度，$\vec{J}_{in} = \vec{B} \times \left(\frac{\rho}{B^2}\frac{\mathrm{d}\vec{v}}{\mathrm{d}t}\right)$ 表示惯性电流，$\rho = mn$ 是质量密度。式(1.26)右端第一项代表速度旋度和磁通量密度动力学变化的效应，与等离子体的对流或对流旋度密切相关；第二项表示在 $\vec{J}_\perp$ 方向上磁场空间变化的效应；来自第三项的电流产生于惯性电流方向上的密度不均匀性。

在电离层中，场向电流必须被发散的电离层水平电流所平衡。闭合电流和场向电流可以相互推算：$\boldsymbol{\nabla} \cdot \vec{J}_\perp = -\vec{J}_\parallel \cos\theta$，式中，$\vec{J}_\perp$ 是电离层电流，θ 是地磁倾角的余角。

闭合电流 $\vec{J}_\perp$ 包含两种类型的电流，一个是颇得森(Pedersen)电流，另一个是霍尔(Hall)电流，电流与电离层电场和电导率有关，可以用欧姆定律来描述，写成：

$$\vec{J}_\perp = \Sigma_P \vec{E} + \Sigma_H \frac{\vec{B} \times \vec{E}}{B} \tag{1.27}$$

其中，Σ_P 和 Σ_H 分别是电离层 Pedersen 电导率和 Hall 电导率，是中性成分和电离成分的密度、温度等参数的函数，$\vec{E}$ 和 $\vec{B}$ 分别是电离层电场强度和磁场强度。电离层的电导率主要来自于光照电离和高能粒子沉降，目前已经存在很多电离层 Pedersen 电导率和

Hall 电导率的经验模型。

在磁层亚暴期间,电离层电流通过增加耗散来适应增强的太阳风能量输入。电离层电流以两种形式受到影响。一方面,电离层电流与太阳风的能量输入直接相关,并随驱动过程增强而增强。另一方面,原来储存在磁尾的能量不时地释放,导致亚暴电流楔形成,同时在子夜时段形成大大增强的西向电流。所谓亚暴电流楔(substorm current wedge, SCW),就是磁尾电流发生短路,电流转向沿磁力线流动,并通过子夜扇区极光电离层流动,这一过程的自然结果是在昏侧和晨侧形成向上和向下的场向电流。在这个单亚暴电流楔模型提出 40 多年后,其得到了更新,在 R1 电流靠地球一侧加入 R2 电流,得到双 SCW 模型。磁尾高速等离子体流将磁通量从重联区传输到内磁层,改变了子夜附近的磁场,到了近地空间,向东西方向运动,导致磁通量管出现扭曲,从而在远离地区一侧形成 R1 场向电流,在靠地球一侧形成 R2 场向电流。在磁赤道平面,R2 电流可以通过径向电流与 R1 电流形成回路,也可以通过部分环电流与自身形成回路。亚暴期间,实际的 FACs 结构可能比等效 SCW 模型更为复杂。研究发现,SCW 是由很多小尺度楔状流组成的,楔状流与磁尾多个向地快速离子流有关。另有研究表明,夜侧存在两个 SCW 系统,分别发生在子夜前和子夜后。通常认为 SCW 电流通过西向极光电集流在电离层中形成闭合回路。然而由于电离层电导率的快速变化,电离层中会出现多片场向电流。除西向电集流外,还能形成子午向电流。也就是说,除了向上流出和向下流入电离层的 R1 FACs 之外,在极光椭圆靠极侧出现了另外的与 R1 电流流向相反的 R0 电流。这样,向上的 R1 场向电流,除了通过西向电集流和向下的 R1 电流形成远程闭合回路之外,还和极光椭圆靠极侧边界的 R0 电流在子午方向上形成一个当地闭合回路,研究发现,亚暴期间,远程闭合通道比当地闭合通道更有效。

1.4 磁层内的等离子体对流

1.4.1 对流电场

磁层电场有两个源,其中一个电场源于太阳风和磁层的相互作用,通常称作晨昏电场。在开磁场模型中,行星际磁场和地磁场发生重联。磁重联以定常态重联和间歇性时变重联两种形式发生,重联过程强烈地依赖于行星际磁场与地磁场之间的夹角,其中,南向行星际磁场有利于重联的发生。重联在磁尾瓣的开放线区域驱动一个向尾的等离子体流,从而产生晨昏电场,映射到电离层极盖区域,驱动极盖背日向的等离子体流。在类粘滞作用模型中,主要有两种机制,一种机制是由微观不稳定性产生共振波的随机散射,磁鞘粒子通过磁层顶扩散入低纬边界层,另一种机制是低纬磁层顶两翼的 Kelvin-Helmholtz 不稳定性。类粘滞过程在闭合磁力线的低纬边界层中驱动一个向尾的等离子体流,从而产生晨昏电场。这两种过程的对流循环通过内磁层中的向日对流实现,从而产生昏晨电场,映射到电离层极光椭圆区域,驱动极光椭圆区域的向日流动,从而产生熟悉的电离层双涡旋对流结构,这个晨昏(昏晨)电场称为对流电场。对流电场受太阳风行星际磁场活动和地磁活动的共同影响。

　　磁重联使行星际磁场与地球磁场相连接,使得对流电场有可能进入磁层。由于等离子体的电导率非常大,对流电场可以表示成 $\vec{E}=-\vec{u}\times\vec{B}$,其中,$\vec{u}$ 是磁通量管的对流速度。当 IMF 为南向时,对流电场的方向为从黎明指向黄昏;当 IMF 为北向时,对流电场的方向为从黄昏指向黎明。

　　对流静电场可以用电势表示:$\vec{E}=-\boldsymbol{\nabla}\psi$。在磁层赤道平面,对流电势可以表示为

$$\psi=-EL\cos\varphi \tag{1.28}$$

其中,φ 是方位角。因此,赤道面对流电势随 L 参数的增加而线性增加。

　　如上所述,由于磁力线等势,太阳风电场可沿磁力线投影到电离层,驱动电离层等离子体对流。假设行星际磁场为南向,此时太阳风电场由晨侧指向昏侧。该电场沿磁力线投影到电离层,导致电离层中出现一个晨昏向电场 $\vec{E}_{\mathrm{i}}$。由于磁力线会聚于极区电离层,因此电离层中的电场强度大约是太阳风中的 50 倍。地磁场 $\vec{B}_{\mathrm{i}}$ 与电离层电场共同驱动了电离层 F 层等离子体移动,其速度为 $\vec{u}_{\mathrm{i}}=\dfrac{\vec{E}_{\mathrm{i}}\times\vec{B}_{\mathrm{i}}}{B_{\mathrm{i}}^2}$。电离层中的磁场强度大约是太阳风中的 10^4 倍,因此电离层中的等离子体的速度大约是太阳风速度(km/s 量级)的千分之一。

　　为了反映太阳风进入磁层的能量效率,学者们建立了大量太阳风磁层耦合参数模型。这些模型一般是行星际磁场(IMF)、太阳风速度(v_{sw})、GSM 坐标下行星际磁场的钟角(θ)及太阳风动力学压强(P_{d})等参数的函数。例如,修正角向行星际电场模型,$E_y=v_{\mathrm{sw}}B_{\mathrm{s}}$,当 IMF $B_{\mathrm{s}}<0$,$B_z<0$ 时,$B_{\mathrm{s}}=B_z$,反之,$B_{\mathrm{s}}=0$;切向行星际电场模型,$E=v_{\mathrm{sw}}B_{\mathrm{T}}=v_{\mathrm{sw}}(B_y^2+B_z^2)^{0.5}$,可以用来表示磁层电势和对流的主要部分;Akasofu 因子,$\varepsilon=v_{\mathrm{sw}}B^2\sin^4\left(\dfrac{\theta}{2}\right)l_0^2$,$B$ 为磁场强度,l_0 为常数(约为 $7R_{\mathrm{e}}$),与强磁暴及单独亚暴事件期间太阳风能量的输入相关性很好;KL 重联电场模型,$E_{\mathrm{m}}=v_{\mathrm{sw}}B_{\mathrm{T}}\sin^2\left(\dfrac{\theta}{2}\right)$,在假设太阳风、磁鞘和磁层顶的向磁层面的电场相等的条件下,由重联理论直接得到,它是很好的太阳风磁层耦合参数,有学者认为太阳风磁层耦合参数应该包含太阳风动力学压强和行星际磁场两个参数;Newell 重联电场模型,$E_{\mathrm{m}}=\dfrac{1}{3000}v_{\mathrm{sw}}^{\frac{4}{3}}(B_y^2+B_z^2)^{\frac{3}{2}}\sin^{\frac{8}{3}}\left(\dfrac{\theta}{2}\right)$,这是近来被广泛使用的较新的重联电场模型。

1.4.2　共转电场

　　磁层电场的两个源中的另外一个电场是由地球自转引起的,称作共转电场,它在赤道面指向地心。共转电场在地球附近起主要作用,使得等离子体和地球一起旋转,这个近地区域称作共同旋转区。在这个区域的外面,对流电场占主要地位,等离子体向地球方向漂移。在相对太阳静止的参考系中测量到的共转电场的场强为

$$\vec{E}_{\mathrm{R}}=-(\vec{\Omega}\times\vec{r})\times\vec{B} \tag{1.29}$$

其中,$\Omega=7.292\times10^{-5}\ \mathrm{s}^{-1}$ 为地球自转角速度。共转电场的物理含义:由于大气的粘

滞作用,位于底部的等离子体将与地球一起转动,根据磁冻结原理,随地球转动的磁力线又将带动上层等离子体与地球共转,速度为$\vec{v}=\vec{\Omega}\times\vec{r}$,运动的等离子体将受到洛仑兹力的作用,产生电荷分离,在等离子体内形成极化电场,这个极化电场就是共转电场。

在地球偶极子场的磁赤道平面上,有

$$\vec{E}_R = -\Omega R_e \frac{B_e}{L^2}\vec{e}_r \tag{1.30}$$

其中,$\vec{e}_r$是径向单位矢量。因此,磁赤道平面上的共转电势为

$$\psi_R = -\Omega R_e^2 \frac{B_e}{L} \tag{1.31}$$

磁赤道平面上共转电场的等势线为一系列同心圆,电势值随 L 的增加而减小。

共转电势和对流电势共同决定了等离子体粒子的漂移路径,如图 1.2 所示。由于共转电势对等离子体的影响随地心距离的增加而减小,而对流电势随 L 的增大而增大,因此,在地球附近,等离子体的漂移路径为闭合曲线,而在远离地球的地方,则为开放的曲线。闭合的等电势区域是与地球共转的等离子体层(图 1.2 中灰色区域)。等离子体层顶将共转和非共转等离子体区分开,在等离子体顶处附近,等离子体密度下降了一个数量级。

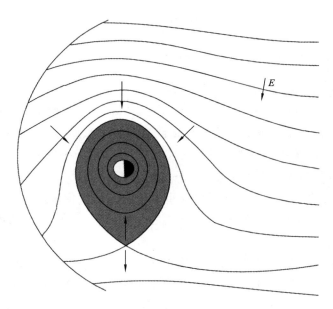

图 1.2   共转电势和对流电势的等值线(等离子体漂移路径)示意图

1.4.3   磁扩散和磁重联

由电磁场的麦克斯韦方程可以推导电磁感应方程:

$$\frac{\partial \vec{B}}{\partial t} = \mathbf{\nabla}\times(\vec{u}\times\vec{B}) + \eta_m \mathbf{\nabla}^2 \vec{B} \tag{1.32}$$

其中,$\eta_m = 1/\delta\mu_0$ 是粘滞系数,δ 为电导率。磁雷诺数 R_m 可表征电磁感应方程中对流项和扩散项的相对重要性:

$$R_{\mathrm{m}} = \frac{|\mathbf{\nabla} \times (\vec{u} \times \vec{B})|}{|\eta_{\mathrm{m}} \mathbf{\nabla}^2 \vec{B}|} \approx \mu_0 \delta L_{\mathrm{B}} u \qquad (1.33)$$

雷诺数对于确定等离子体中扩散的重要性非常有用。对于高磁雷诺数等离子体（空间等离子体的雷诺数范围为 $10^8 \sim 10^{11}$），磁扩散可以完全忽略。在这种情况下，等离子体流只是携带磁场，即具有磁冻结效应。在 $R_{\mathrm{m}} \approx 1$ 的等离子体中，扩散效应也很重要，在这些等离子体中，磁场不会冻结在等离子体中，等离子体可以很容易地穿越磁力线流动。

下面具体讨论磁扩散的情形，在一维情况下（即仅在 x 方向变化时），扩散方程

$$\frac{\partial \vec{B}}{\partial t} = \eta_{\mathrm{m}} \mathbf{\nabla}^2 \vec{B} \qquad (1.34)$$

可进一步简化。假设 η_{m} 为常数，磁场沿 z 轴方向，则 $\vec{B} = B(y,t)\vec{e}_z$，扩散方程可以写成 $\frac{\partial B}{\partial t} = \eta_{\mathrm{m}} \frac{\partial^2 B}{\partial y^2}$。假设在初始，即 $t = 0$ 时，磁场可以用特征长度为 L 的缓变函数来描述，$B(y,0) = B_0 \operatorname{erf}\left(-\frac{y}{2L}\right)$，其中，$\operatorname{erf}(y) = \frac{2}{\sqrt{y}} \int_0^y \mathrm{d}t e^{-t^2}$ 是误差函数，则在这个初始条件下，我们可得到方程的解为

$$B(y,0) = B_0 \operatorname{erf}\left(-\frac{y}{2\sqrt{\eta_{\mathrm{m}} t + L^2}}\right) \qquad (1.35)$$

可以看到，随着时间的推移，初始磁场逐渐扩散，其特征时间尺度为 $\tau_{\mathrm{d}} = \frac{L^2}{\eta_{\mathrm{m}}}$。对于非常小的粘滞系数 η_{m}，该特征时间尺度非常大。

在磁扩散区（冻结条件不成立，即在重联区），方向相反的两根磁力线彼此紧密接触后，就形成了 X 型磁结构，磁力线会发生磁重联。靠近 X 点（也称为中性点）中心处，磁场大小为零。稍后，等离子体被输送到中性点，而合并的场线被输送到远离重联点的地方。合并的场线将填充来自重联配置两侧的混合等离子体。只要磁通量被输送到中性点，重联过程就会继续。重联率主要由向重联区的磁通量传输速率决定。重联过程是磁场能量转化为等离子体能量的主要方式之一，因此一直是多年来备受关注的科学问题。

最为经典的模式是慢重联模式，也称作 Sweet-Parker 模式。基于不可压缩 MHD 方程，假设发生磁重联的扩散区域出现强电流片，电流片（重联区）的厚度 δ 有限，长度 L 无限长。磁场和等离子体以对流速度 $u_{\mathrm{in}} \sim \frac{E}{B}$ 进入扩散区，重联后以速度 u_{out} 从侧向出逃，由于等离子体的连续性，可以得到

$$L u_{\mathrm{in}} = \delta u_{\mathrm{out}} \qquad (1.36)$$

由于磁压和动压平衡，$\frac{B^2}{\mu_0} \sim \rho u_{\mathrm{out}}^2$，因此粒子出逃的速度为

$$u_{\mathrm{out}} = \frac{B}{\sqrt{\mu_0 \rho}} \qquad (1.37)$$

近似为阿尔文速度。扩散区对流电场为

$$E_z = \mu_0 \eta_m j_z = \eta_m \left(\frac{\partial B_y}{\partial x} - \frac{\partial B_x}{\partial y} \right) \sim -\eta_m \frac{B_1}{L} \qquad (1.38)$$

又因为 $E_z = -u_{in} B_1$，所以入流速度为

$$u_{in} \sim \frac{\eta_m}{L} \qquad (1.39)$$

在日冕中，$\eta_m = 1$，$L = 10^7$ m，则重联时间为 $\frac{L}{u_{in}}$，大约为 10^{14} s。SP 重联率太低，无法解释空间中观测到的能量剧烈释放现象。

为了提高重联率，学者提出了快重联模式，又称作 Petschek 模式。在这个模式中，重联区的长度 L 和厚度 δ 相当，且在出流区和入流区的交界处存在两个磁流体慢激波，重联速度由激波速度决定。然而数值模拟结果表明，只有当磁扩散率非常高时，该重联构型才能保持稳定。学者们后来考查了离子和电子解耦对磁重联的意义，得到了 Hall 磁流体方程。在离子的惯性长度之下，离子从磁场中解冻；在电子的惯性长度之下，重联事实上源于电子的扩散。这种无碰撞磁重联为空间物理中能量爆发现象所需的快速重联提供了可能的解释。

1.5 极光和粒子沉降

极光常常出现于近地磁极地区的上空，一般呈带状、弧状或射线分布，随时间发生变化。不同种类分子在大气中的垂直分布决定了极光的颜色，距地表 60～100 km 处主要有氧分子和氮分子；距地表 100～200 km 处，则是氮分子最多，其次是氧原子和氧分子；距地表 200～500 km 处，氧原子最多。红光来自 400 km 以上高空处氧原子辐射的波长为 630 nm 的光；绿光来自 200 km 高空处氧原子辐射的波长为 557.7 nm 的光；100 km 高度处深红色光来自氮气分子辐射的波长为 600～700 nm 的光。氮气分子还辐射其他颜色（蓝色和紫色）的光，但是不太容易被观测到。极光活动频繁，极光区域电离强度增加，极光辐射导致无线电信号被吸收，高能沉降粒子与大气相互作用产生极光 X 射线，极光区域电流增强，会引起较为强烈的磁场扰动。极光物理一直是空间科学的热点课题。

极光发光区中的分子和原子的激发态是由沿磁力线沉降的高能粒子（电子和质子）与大气中的分子和原子碰撞产生的，分子或原子从高能级暂态跃迁到低能级稳态并释放光子，造成发光现象。沉降电子和离子引起大气中性原子和分子电离，使电离层电导率增大，其增大的量可能超过太阳紫外辐射产生的电导率水平。由于能量角和投掷角的不同，这些能量粒子在不同地方时向电离层沉降。极区电离层的电导率与沉降粒子的能量有关。在中午附近，电导率最低，而电导率的极大值位于子夜。伴随分立极光的局部粒子沉降常常使较小区域内的电导率大大增加，从而造成电导率分布极度不均匀，并引起电场结构的畸变。

极光椭圆背阳侧的沉降粒子的特性为：电子数通量在 70°～73.5° 的纬度范围内有一极大值，这一纬度范围称为 BPS（等离子体片边界层）区域，对应分立极光弧出现的区

域。分立极光是最激烈的极光形式,场向加速起了很重要的作用,形成所谓的倒 V 结构。在 BPS 区的赤道侧,电子数通量和电子能通量随纬度的变化较为平缓,随纬度降低而逐渐降低,这一区域称为 CPS(中心等离子体片)区域。把电子能量与投掷角相比较,可以看到,具有 180° 投掷角的电子(反散射电子)比具有其他投掷角的电子要少。CPS 区域对应均匀辉光弥散极光区域,CPS 区域的低纬部分与辐射带的沉降区重合,弥散极光的位置正好是等离子体片中心沿磁力线在高纬区的投影,说明弥散极光的粒子来自于等离子体片。根据地磁活动的大小,CPS 通常沿磁力线映射至等离子体层顶附近到夜晚赤道面之间的地方,径向距离为 $8\sim12R_e$。

白天的极光粒子沉降包括磁鞘相关的边界层沉降和等离子片相关的 BPS/CPS 沉降(也可以看成是夜晚的 BPS/CPS 的延续)。边界层和 BPS/CPS 形成所谓的白天软离子沉降区域。在极光椭圆的中午时段,1 keV 和 3 keV 的电子的分布对投掷角是近于各向同性的,而多数 2 keV 的电子的运动则基本是沿着地磁场磁力线方向的。这说明,在极光椭圆的中午时段有一个强的场向电流。在极盖区上空有两种类型的极光沉降粒子,其中一种是分布均匀的软电子(100 eV),这种软电子在所有时间里都存在,它们可能起源于磁鞘,但其通量比极尖区电子的小约 3 个量级。这种电子的沉降被称为极雨。另一种类型的沉降被称为极阵雨,在极轨卫星上看这种沉降是不均匀的,沉降电子的能量约为 1 keV,极盖区分立极光可能是这种沉降引起的。

极光不只在地球上出现,太阳系内的其他一些具有磁场的行星(如木星和土星)上也有极光。木星和土星的极光覆盖面积超过了整个地球的,产生原理和地球的类似,此外,在海王星、天王星和水星上也能观测到极光。

1.6 电离层电流系和地磁活动

1.6.1 赤道电离层电流系

电离层的主要成分是中性大气,处于电离状态的大气仅占 1‰,不同高度和纬度的电离层电动力学过程存在显著差异,在赤道电离层存在很多有趣的现象,包括赤道电离层异常、出现赤道扩展 F 层和出现赤道电集流(equatorial electrojet,EEJ)等。

电离层带电粒子的运动主要受碰撞过程和电磁过程的影响。在电离层 90 km 以上高度,电子与中性成分的碰撞频率小于回旋频率,中性风对电子的影响弱于磁场对电子的影响。对于离子,在 $90\sim150$ km 高度处,中性成分密度较高,离子与中性大气碰撞频繁,离子随中性风一起运动。在 150 km 以上高度处,中性成分稀薄,离子与中性成分的碰撞频率低于回旋频率,离子的运动受控于电磁过程。在 $90\sim150$ km 高度处,电子和离子的运动存在差异,从而产生电流。

在电离层发电机区中,带电粒子在中性风的驱动下切割磁力线,由于电子和离子对中性风的响应不同,因此会产生感应电流,并且该电流存在散度。有散度的感应电流会引起电荷密度发生变化,而变化的电荷密度会产生极化电场,新生成的极化电场会使得电流无散度。

考虑中性风的作用,电离层的电流 $\vec{J}$ 与风发电机电场强度 $\vec{E}$、电导率 σ、地磁场强度 $\vec{B}$ 和中性风速度 $\vec{U}$ 之间的关系满足欧姆定律:

$$\vec{J} = \sigma(\vec{E} + \vec{U} \times \vec{B}) \tag{1.40}$$

式中,电流强度和电场强度需要满足如下关系,$\nabla \cdot \vec{J} = 0$ 和 $\vec{E} = -\nabla \psi$,其中,ψ 为电势。在电离层中,电导率为各向异性的,并且沿着磁场方向的电导率远大于垂直于磁场方向的电导率。因此,电场和电导率可以被分解为垂直和平行于磁场的分量,即可得

$$\vec{J} = \sigma_\parallel \vec{E}_\parallel + \sigma_P(\vec{E}_\perp + \vec{U} \times \vec{B}) + \sigma_H \frac{\vec{B}}{|B|}(\vec{E}_\perp + \vec{U} \times \vec{B}) \tag{1.41}$$

式中,$\vec{E}_\parallel$ 和 $\vec{E}_\perp$ 分别表示平行和垂直于磁场的电场分量的强度,$\sigma_\parallel$、σ_P 和 σ_H 分别为平行电导率、Pedersen 电导率和 Hall 电导率。

电离层 Sq 电流,即两个环电流元,其中心分别位于正午时段南、北半球 30° 地磁纬度,在磁赤道区域,两个电流元均由晨侧流向昏侧。该电流的驱动机制是受太阳辐射加热、太阳和太阴潮汐影响的热层风场。在近磁赤道地区,地磁场为水平方向的,由南指向北。忽略场向电流之后,Sq 电流的表达式可写为

$$\vec{J} = \sigma_P \vec{E}_\perp - \sigma_H(\vec{E} \times \vec{b}) \tag{1.42}$$

赤道电集流是日侧电离层 E 层 110 km 高度上沿磁赤道方向流动的强电流带。对 EEJ 的研究最早可以追溯到 20 世纪中叶,Egedal 在记录地磁台数据时发现位于磁赤道的 Huancayo 台站的水平磁场的日变化幅度比其他纬度的台站的大,他认为这是由磁赤道上空存在的东西向流动电流带引起的,后来 Chapman 将该电流命名为赤道电集流。赤道电集流与磁赤道地区特殊的地磁场构型和近乎直射的太阳辐射(增强电离效应)共同导致的增强的电导率密切相关。

下面推导赤道电集流的表达式。潮汐风产生的东向电场分别产生垂直于电场向下流动的 Hall 电流($\sigma_H E_1$)和平行于电场向东流动的 Pedersen 电流($\sigma_P E_1$)。垂直流动的 Hall 电流驱动电荷分离,但是在 E 层,电流不能跨过边界流动,因此,电荷积累在边界产生向上的极化电场(E_2),该极化电场也会产生垂直于电场向东流动的 Hall 电流($\sigma_H E_2$)和平行于电场向上流动的 Pedersen 电流($\sigma_P E_2$)。在稳定状态下,E 层没有垂直电流,即

$$\sigma_H E_1 = \sigma_P E_2 \tag{1.43}$$

由以上分析可得,东向总电流为

$$\vec{J}_E = \sigma_P \vec{E}_1 + \sigma_H \vec{E}_2 = \left(\sigma_P + \frac{\sigma_H^2}{\sigma_P}\right)\vec{E}_1 \tag{1.44}$$

式 (1.44) 中,$\sigma_P + \frac{\sigma_H^2}{\sigma_P}$ 被称为 Cowling 电导率。由于赤道电离层霍尔电导率是颇得森电导率的数倍,Cowling 电导率远大于颇得森电导率,故赤道电集流的强度极大。赤道电集流的变化会引起地球磁场的扰动,在地表产生感应电场,使地面上导电性能良好的人工网络(如电网、金属管线)产生感应电流,进而威胁人工网络的安全。所以,对 EEJ 的研究可以为低纬地区人工网络的安全提供保障,具有重要的实际应用价值。

地磁平静期的赤道电集流主要受控于太阳辐射和潮汐波过程,磁平静期的赤道电集流存在地方时和经度依赖性,与大气潮汐波动和地磁场构型有关。例如大气非迁移潮汐会推迟秘鲁扇区 EEJ 峰值出现的地方时,以及增强 EEJ 峰值的经度差异。地磁场强度的衰减可以使 EEJ 峰值出现的地方时提前,地磁场强度对秘鲁扇区 EEJ 的影响比对印度扇区 EEJ 的强。

磁暴期间 EEJ 的变化特征则与赤道电离层电场的变化密切相关,赤道电离层电场在磁暴期间主要受两个过程控制:电场穿透和扰动风发电机效应。磁暴期间,EEJ 可以出现磁暴主相期间东向增强和恢复相期间西向增强的现象。这是因为,在磁暴主相期间,1 区场向电流和 2 区场向电流的平衡被打破,高纬度晨昏向对流电场穿透到赤道电离层,从而导致 EEJ 东向增强。恢复相期间 CEJ 峰值与从高纬传播到赤道地区的大气经向扰动有关,表明除了纬向扰动风的影响之外,经向扰动风对 EEJ 的影响也很重要。

平流层爆发性增温(stratospheric sudden warming,SSW)期间,EEJ 中太阴潮汐 M2 分量具有明显的经度特征,秘鲁扇区 EEJ 的太阴半日潮汐要早于印度扇区 EEJ 的达到峰值。SSW 期间,EEJ 中的 M2 分量达到峰值时间的经度差异与太阳活动和准两年振荡的相位有关,这可能是因为太阳活动和准两年振荡的相位影响了 M2 向上传播的背景条件。SSW 期间,EEJ 中的 M2 分量的峰值存在经度差异,秘鲁扇区 EEJ 中的 M2 分量的峰值大于印度扇区 EEJ 中的,这与背景磁场强度有一定的关系,同时也与电离层风发电机等物理过程有关。

亚极光区电离层与内磁层通过磁力线连接而相互耦合,因此磁层电场受亚极光区电离层电动力学的影响,如亚极光区电离层电场通过快速的化学和输运过程能降低电离层电导率,反馈到磁层,磁层电场进一步增强,等离子体层的结构发生改变,使得等离子层/电子等离子体片的边界(即等离子体层顶)径向距离减小;环电流的形成和衰退也受亚极光区电场的影响,电场驱动环电流粒子到达低 L 壳层,在磁暴主相期间环电流增强,磁暴恢复相过程延缓。中低纬电离层-热层体系中的许多物理过程也受到亚极光区电离层电场的影响。

亚极光区极化流(subauroral polarization streams,SAPS)是亚极光区有趣而重要的现象之一,表现为快速流动的向阳等离子体流,与中纬槽、Ⅱ区场向电流和等离子体层顶所在位置有内在联系,在内磁层电子和离子注入和加速过程中扮演着十分重要的角色。前期研究者对昏侧 SAPS 的时空分布及形成过程进行了较为深入的研究,发现 SAPS 可导致磁暴期间中纬区域总电子密度含量增强及等离子层羽状结构的形成,产生较大的场向垂直流,形成 F 区电离密度槽,驱动西向和经向风激流。近期的研究发现,SAPS 对赤道地区的 EEJ 有重要影响。SAPS 驱动的日侧 EEJ 扰动呈现出明显的地方时差异,白天为西向扰动,且正午扰动最强,而晨昏两侧为弱东向扰动,这主要与同 SAPS 相关的风发电机电场有关,电离层电导率的影响较弱。SAPS 驱动的正午西向 EEJ 扰动的时空变化与 SAPS 的类似,但存在显著的 2～3 h 的时延。这是因为随时间变化的 SAPS 强度使热层扰动风出现类似的结构,在 2～3 h 内传播到低纬地区并调制低纬电离层电场的极性。除了扰动风的影响之外,地磁平静期 SAPS 极化电场可直接传播到低纬地区驱动午前西向电场,导致西向 EEJ 扰动形成;而在午后扇区,SAPS 极化电场向低纬瞬时渗透时,在低纬形成了极向电场,该极向电场沿磁力线投影至 E 层产生垂直向上的电场,该电场可以驱动东向霍尔电流,引起午后 EEJ 的东向扰动。

1.6.2 极区电离层水平电流系

高纬电离层水平电流系主要包括 Hall 电流和 Pedersen 电流。如式(1.42)所示,在电离层水平面上,电流具有垂直于磁场但平行于电场的分量,称之为 Pedersen 电流;另一个同时垂直于磁场和电场的水平电流,称为 Hall 电流。

通常情况下,电离层水平面内的 Hall 电流基本为无散的。在极光椭圆区,Hall 电流方向与等离子体漂移方向相反。在电离层水平面上,南向行星际磁场情况下 Hall 电流呈现出典型的双涡旋结构,晨昏两侧分别为顺时针方向和逆时针方向。Hall 电流在晨昏两侧极光区形成背日流到达子夜扇区,跨过极盖回流到日侧。在极光纬度上,Hall 电流又称为极光电集流,它的大小可以反映极光区地磁扰动的状态。通常,AU、AL 指数反映了最强的东向和西向电集流的大小。在过去的地基观测中,由地面地磁扰动观测数据反演得到的水平电流通常被称为电离层等效电流。

在晨昏两侧极光区,R1 FACs 和 R2 FACs 主要通过 Pedersen 电流形成回路,R1 FACs 也通过跨极盖的 Pedersen 电流形成回路。在电导率均匀分布的情况下,Pedersen 电流与场向电流能够完全闭合。而在电导率梯度存在的情况下,Pedersen 电流也会对电集流/Hall 电流有所贡献,场向电流也部分与极光电集流形成闭合回路。

由于电子在 E 层 Hall 电导率的形成中占主要地位,可以近似认为 E 区霍尔电流是电子漂移产生的。在对流电场的驱动下,电子在垂直于电场和磁场的方向运动,形成 Hall 电流。由于 Hall 电流垂直于电场,故不产生焦耳耗散。而离子主要沿电场方向运动,产生 Pedersen 电流。由于离子运动速度小于电子运动速度,通常情况下,Pedersen 电流比 Hall 电流小。沿着磁力线流进电离层的场向电流来自磁层,主要在 E 层与 Pedersen 电流形成闭合回路。Pedersen 电流沿着电场方向将产生焦耳耗散,即极区电离层焦耳加热。

极区电流系对太阳风行星际磁场的变化的响应十分显著。极光电集流的强度与重联电场线性相关,IMF B_y 影响正午时段极光电集流的空间分布情况,但并不影响它的强度。当行星际磁场为昏向(晨向)时,北半球正午时段为东向(西向)Hall 电流,南半球极性相反。有趣的是,Hall 电流在东半球对 IMF B_y 的依赖性几乎消失。东向极光电集流有明显的季节变化,夏季东向极光电集流的强度大约是冬季的 1.5 倍,然而西向电集流的季节变化不明显。由于极盖区的电导率受季节变化的影响,夏季时极盖区形成了明显的日向回流,极光电集流与高纬极盖区的日向回流形成闭合回路。在北半球,当 IMF B_y 为正(负)时,日向回流主要集中在晨侧(昏侧)极盖。子夜扇区的西向电集流与地磁活动水平的相关性较高,而季节变化和 IMF B_y、IMF B_z 分量的影响都不明显。

极光东向电集流和日侧西向电集流与太阳辐射引起的电离层电导率几乎成正比,

然而,夜间西向电集流与磁力线通量管的积分电导率几乎成反比。亚暴期间,西向极光电集流的位置与 2000～2200 MLT 的上行场向电流的位置重合,符合西行浪涌的结构;2200 MLT 之后的扇区中,西向电集流的极侧存在下行场向电流,而其赤道侧存在上行场向电流。亚暴期间夜间的 Cowling 远程通道传输效率明显增加。在极端的外部驱动条件下,霍尔电流的响应呈现明显的地方时变化。如行星际激波期间,正午前后极光电集流增加方向与平静期电流增加方向相反,这可能与初始脉冲电流有关。太阳风重联电场增强期间,昏侧极光电集流比晨侧极光电集流更快到达峰值,这是因为昏侧霍尔电导率比晨侧霍尔电导率增强得更快的缘故。

高纬电离层霍尔电流通过离子拖曳力对热层风产生重要影响。在昏侧扇区,纬向风的大小和等效霍尔电流成负相关,纬向风呈现出反气旋的结构特征,太阳风能量的输入增加导致等效电流和纬向风增强;在晨侧扇区,纬向风和等效霍尔电流之间的相关性并不明显,纬向风主要表现为背日方向。在晨侧,大气的动力学过程(如粘滞力、科里奥利力等)比离子拖曳力的影响更大。正午扇区内,仅在 IMF B_y 分量为正时,水平电流与风之间表现出较好的反相关性。在正午地方时扇区内,电流强度从冬季到夏季逐渐增强,然而纬向风并未表现出相似的季节变化。

1.6.3 电离层离子上行

电离层离子上行在热层-电离层-磁层耦合系统中扮演了重要角色。上行离子逃逸进入行星际空间,引起地球大气层的蚀损。如果被磁层捕获,这些较重的粒子(如 O^+)将降低磁层通量管的阿尔文(Alfven)速度,降低波在磁层中的传播速度,从而影响磁层对太阳风-行星际磁场的响应,包括磁重联、磁暴和亚暴的起始都受到该过程的影响。离子上行对环电流、越极盖电势和磁层位形也有重要影响。

电离层离子(H^+、He^+、O^+ 等)可以进入磁层很多区域,如等离子体幔、磁尾瓣、等离子体层、环电流等区域。极区高纬电离层是离子上行的主要区域,包括极隙/极尖区、极盖区和极光椭圆区,这些区域存在着多种离子整体外流和获能过程,它们是磁层等离子体的重要来源。磁暴期间环电流大部分能量来源于电离层 O^+,电离层 O^+ 的能量低于 1 eV,而在环电流区域 O^+ 的能量超过 100 keV,问题在于电离层 O^+ 如何离开并传输进入环电流? 如何加速获取能量? 这些问题是地球空间暴研究中的重要课题。

发生在不同高度和位置处的离子上行事件有着不同的特征,并与不同的加速机制相联系。电离层离子上行无论在成分、能量和时空结构上都表现出较大的变化。另一方面,离子上行既被太阳活动和地磁活动影响,同时也依赖于电离层的状态。雷达、卫星及模拟工作表明,离子上行加速过程分多步进行。首先电离层加热驱动离子整体上行,随后在较高高度受波-粒相互作用影响而上升到几十 keV,在向远磁尾传输时,高能离子经历质量和能量的分离,O^+ 被磁尾等离子体片的闭合磁力线区域捕获。研究表明,地磁活动、太阳活动是影响离子上行通量、发生率和组成成分的重要因素。

高纬极区离子上行根据能量、上行机制(获能高度)主要分为两类。

(1) 整体离子上行,即所有的离子都获取一个整体上行速度,主要发生在顶部电离层(1000 km 以下),离子能量达到几 eV,速度通常小于 1500 m/s。整体离子上行又分为极风离子上行和极光椭圆带群离子上行。

极风的主要成分为电子、H^+、He^+、O^+,其成分随太阳活动而变化,O^+ 在 4000 km 甚至 6000~7000 km 以下占主导地位。在 1000 km 以下,顶部电离层的主要驱动机制是双极电场(场向压强梯度),可能还受大气光电子驱动。而在较高高度处,则主要受离心加速驱动。较高纬度(>80°磁纬)的上行离子通量主要来自极风,较低纬度(<80°磁纬)的上行离子通量则有可能来源于极隙喷泉效应。白天的场向速度高于夜晚的,场向速度与电子温度的相关性好,白天时,双极电场强度更大。在 $1~9R_e$ 范围内,场向速度随着地心距离的增加而线性增加,在 10000 km 处,H^+ 速度达到 12 km/s,O^+ 速度为 4 km/s,在 50000 km 处,H^+ 速度和 O^+ 速度则分别达到 45 km/s 和 17 km/s。在磁扰期间,两者的上行率更高。

极光离子上行中,O^+ 占主导,极光离子上升通常发生在白天极隙/尖区和夜晚极光椭圆带区域,伴随着离子或(和)电子的温度升高。通常认为由两种过程导致该上行过程发生:软电子沉降(<500 eV)导致的电子加热和向下输入的坡印廷(Poynting)电磁能耗散导致的离子加热(与对流电场增强离子和中性成分的摩擦加热有关)。软电子沉降导致电离层电子温度升高,电子的标高也增加,为保持电中性,双极电场驱使离子和电子一起上行。中性大气膨胀也可能使离子上行,另外,对流电场剪切可以激发等离子体波,引起离子加速上行。软电子沉降通常携带有 Alfven 波,通过非线性波破裂过程,可以产生宽带极低频波,极低频波与离子回旋共振加速导致离子垂直速度增加,导致磁矩和磁镜力增加,从而导致离子场向加速。电磁能耗散则主要通过焦耳加热产生场向压强梯度,或者通过电流驱动的波和不稳定性产生场向电场,从而驱动离子上行。焦耳加热主要发生在电离层 E 区与低 F 区,而软电子沉降通常发生在较高高度,因此通常认为软电子沉降可以导致更多的粒子上行。

在低于 1000 km 高度处,O^+ 场向速度通常大于 1 km/s。由于太阳高年情况下较高的 EUV 辐射强度和离子-中性碰撞频率,太阳活动高年的场向速度比低年的减少了 50%,上行通量减少了 75%。太阳活动低年,平均高度为 300 km,太阳活动高年,平均高度为 350 km。上行速度和通量随 Kp 指数增加而增加。暴时电子密度增强(SED)和极区电离块是暴时白天和亚暴时夜间的源。SED 通常存在于磁暴初期,位于亚极光区内子夜前至昏侧的电离层槽靠近赤道一侧,与等离子体层顶的电离层投影位置相吻合。由于磁重联作用,电离层增强的等离子体块背日对流,通过极盖闭合开放磁力线边界进入极光椭圆带,这些重联的磁力线是较强离子上行的地方。白天极隙区上行区域的形状、尺寸和位置都受控于太阳风速度和行星际磁场 B_y 和 B_z 分量,因为极隙区本身受其控制。

电离层电导率对离子上行也可以产生重要影响,电导率梯度能够增强离子上行,这是因为电离层电导率的梯度能够产生梯度不稳定性或激发色散 Alfven 波,通过波粒回旋共振,或通过随机波-粒相互作用过程可以有效增加 O^+ 速度。电离层背景电子密度也对软电子沉降导致的上行有重要影响,如果背景电子密度变高,则上行速度降低,但总的上行通量增加。另有研究发现,日照情形下的极盖区 O^+ 上行通量大于无日照情形下的,并发现日照会抑制场向电势。研究认为,日照情形下,沉降粒子的作用不明显,太阳辐射热在离子上行过程中扮演了重要角色。通常认为波-粒作用只能发生在 500 km 高度之上,因为 E 区和较低 F 层中频繁的离子-中性成分碰撞将导致波加热过程的效率降低。然而,近期有研究表明,500 km 高度以下仍然存在有效的波-粒相互作用,未来的电离层观测和建模应该将该过程考虑进来。

(2)超热离子流上行,即只有一部分上行离子获能,成为超热离子或能量更高的离子,上行速度超过逃逸速度(>10 km/s)。超热离子流上行包括四种现象:离子束(上行方向与磁力线之间的夹角为 0°~30°)、离子锥(上行方向与磁力线之间的夹角为 30°~75°)、横向加速离子(垂直于磁场方向)和上涌离子流。其中,离子束和离子锥是最普遍的两种现象,在 $1R_e$ 处的发生率高于 50%,主导成分是 H^+ 和 O^+,能量范围为 10 eV 至几 keV。离子束通常在 5000 km 以上高度处被观测到,发生概率随高度增加而上升。离子锥在夜侧 1000 km 和白天侧 3000 km 以上至几个地球半径高度处被观测到,垂直加速区在 3000~6000 km 高度处,在 10000 km 高度处之后,发生率随高度增加而降低。

离子横向加速通常有两种重要的机制。第一种是宽带低频波共振加速(<1 kHz),几乎发生在所有高度(270~10000 km)和所有地方时,强度随高度增加而增加。第二种是低温杂波频率(lower hybrid frequency)加速,磁扰期间夜晚极光带垂直离子加速可以发生在低至 500 km 的高度处,白天极隙区离子加速通常发生在 3000 km 高度处。离子锥通量与下行 Poynting 矢量、软电子沉降及 ELF 波幅度密切相关。在 $1R_e$ 高度处,极隙区上行离子的特征能量是 100 eV,而夜晚的能量更高。

与 H^+、He^+ 相比,O^+ 上行离子有更高的锥/束比、中午/子夜离子通量比,对地磁活动和太阳活动的依赖性更高。H^+ 和 O^+ 的净上行率和锥/束比随日照强度增加而增加,表明日照有利于锥的产生,而黑暗有利于束的产生。极风和离子上行为顶部电离层超热离子外流提供了重要的低能等离子体源,在顶部电离层,垂直磁力线的离子加速在离子锥的形成过程中扮演了重要的角色,水平电场和磁场离心加速对于形成离子束有重要贡献,离心加速与离子的质量有关,因此,质量大的氧离子,将获得更多能量。

极风和其他低能离子(如极隙区离子)的贡献很难区分,H^+、O^+ 和 He^+ 的速度比提供了有趣的信息,如在 Polar 最高点($9R_e$),三者上行速度比为 2.6∶1.5∶1。如果从双极电场获取相等的能量,三者的速度比应该是 4∶2∶1。如果考虑来自较远的源(如极尖/隙区),经过速度过滤效应,三者的速度比应该是 1∶1∶1。

到达等离子体片区域的电离层离子可被进一步加速到更高能量(如几百 keV),一种机制是亚暴脉冲电场的向地球方向的加速;另一种机制为存在于顶部电离层和磁赤道平面的强宽带低频电磁波(如色散 Alfven 波),这种电磁波通常携带有场向电场,一方面驱使软电子沉降,另一方面导致离子上行到某个高度,其回旋运动被当地色散 Alfven 波破坏,离子运动变得随机起来,这样离子可以从垂直电场中自由获取能量,从而在垂直方向上,离子被加速,离子经历几次弹跳周期运动后,可从 Alfven 波中获取能量,离子能量达到几十 keV,从而被磁力线捕获在磁赤道平面。

1.6.4　磁暴和亚暴

19 世纪 30 年代,科学家们在建立地磁台站之初就发现地磁场经常有微小的起伏变化,但当时人们并没有认识到这是由太阳活动引起的。后来在 19 世纪 50 年代末期,卡林顿在观察太阳黑子时,观测到了太阳耀斑爆发,此后地磁台站记录到强烈的地磁扰动。这个偶然的发现使他认识到地磁扰动与太阳爆发活动有关。从此人们将地磁活动与太阳活动联系起来。

磁暴通常发生在太阳耀斑或日冕物质抛射之后,这些大尺度非重复性的行星际磁场扰动会与磁层发生相互作用,如来自行星际扰动的脉冲可压缩磁层,磁层顶电流迅速增加,会引起中纬度地磁台站观测到的地表磁场水平分量突然增强。磁场通常持续上升几分钟,该上升时间为激波从磁层顶传播到观测台站的时间。如果后续没有发生磁暴,则该增强称为突发性扰动。

绝大多数磁暴通常与南向行星际磁场相关,因为南向行星际磁场是日侧磁层顶发生磁重联的最有利构型。相比之下,纯北向行星际磁场仅驱动较弱的日侧磁重联,它极大地削弱了向磁尾移动的磁通量。增强的日侧磁重联现象可极大增强太阳风电场向磁层的穿透效应,从而增强磁层等离子体对流。增强的晨昏向电场也可以导致更多的高能带电粒子注入环电流。此外,更强的电场不仅会产生更多环电流高能粒子,亦可驱动环电流向地球方向移动。电离层氧离子也向外加速逃逸,部分粒子可最终流入环电流区域。

当南向行星际磁场减弱甚至消失时,磁暴进入恢复相,此时环电流削弱,地磁场水平分量逐渐恢复到正常水平。磁暴恢复相分数个阶段。行星际磁场南向分量减弱时,磁层重联率下降。重联率下降导致电场削弱,进而削弱带电粒子向环电流的注入过程,使得对流边界向外移动。电离层冷等离子体填充扩展了边界内的耗空通量管。因此,在扩展的环电流内部区域,冷等离子体超越了环电流中的高能粒子。由于冷等离子体与高能粒子之间产生相互作用,增强的等离子体波动与能量交换会加快环电流高能粒子的损失,从而逐渐削弱环电流。

与全面爆发的磁暴相比,亚暴的强度较小,持续时间仅为几个小时,且比磁暴更频繁。亚暴是地球空间最重要的能量输入、耦合和耗散过程。亚暴最先是 Akasofu 和 Chapman 用来描述磁暴期间出现的短暂的强磁扰动的,该扰动每次延续 2～3 h。磁层亚暴和磁暴是两个既有联系又有区别的过程。磁层亚暴的典型物理过程首先是从行星际磁场的北向反转开始的。观测表明,不少亚暴发生在行星际磁场方向由南向北反转以后。向南的行星际磁场和地磁场相互耦合引起磁力线的重联,从而使磁尾中磁场强度增加,积累起大量的磁能;接着,由于磁力线重联,磁流体发电机作用加强,横越磁尾的电场和电流也增强。在将近一小时内,磁尾的等离子体便开始向地球方向运动。这时,极光带的侧边缘处突然增亮,并开始向极移动,这就开始出现极光亚暴。与此同时,整个磁尾的等离子体片的厚度开始变薄。伴随亚暴发生的另一个过程是等离子体由磁尾向捕获区注入,这种注入是外辐射带电子的主要来源之一,也是极光带电波吸收增强的基本原因。当磁尾中的磁能积蓄到一定程度后,磁尾的磁力线由于某种不稳定性,便会发生重联,形成 X 型中性线。各方观测的结果迄今仍很不一致,因此,还不能对亚暴的触发物理机制作出明确的说明。

在亚暴膨胀相,除了极区活动增强之外,电离层电流通过两种物理过程也得到了显著增强,第一种是由于极区对流增强,极区电集流也得到了增强,且该电流在亚暴增长相迅速增强;第二种是通过亚暴电流楔增强,与磁尾磁能的释放相关。午夜扇区的亚暴电集流向西流动。该电流通过场向电流与越尾电流耦合,并且与磁尾磁场构型重置密切相关。亚暴电流楔的形成与磁尾的磁重联过程密切相关。在亚暴增长相,磁尾中的磁通量增加,并且由于来自磁尾瓣的压强增加,越尾电流片(将两个尾瓣分开)变得越来越薄。当部分电流片密度达到适当的阈值时,磁重联过程将发生于电流片中心附近。磁重联破坏了越尾电流,导致部分电流沿开放磁力线由磁重联区域流入地球极区电离层。电离层中亚暴电流楔与磁尾中断电流形成闭合回路。如上文所述,亚暴电流楔模型比较复杂,目前提出了多个版本的大尺度和小尺度的亚暴电流楔模型。

亚暴与磁暴都是剧烈的磁扰变化,一个磁暴过程中总是包含多个亚暴,这说明磁暴和亚暴在物理成因上有密切的关系。磁暴与亚暴之间有重大的区别,磁暴最主要的标志是主相,主相期间全球中低纬度区的水平分量持续降低,而这一特点并不是亚暴所必有的。

1.6.5　地磁活动指数

地磁场(地磁)垂直分量的强度为 Z,地磁场水平分量(H)的北向和东向分量分别用 X 和 Y 表示。磁暴期间,地磁水平分量 H 变化最大,其扰动幅度通常在几十 nT 到几百 nT 之间,其最能代表磁暴过程,所以,磁暴的大部分形态学和统计学特征是依据中低纬度 H 的变化得到的。典型磁暴的发展过程也是按照 H 的变化来划分的,通常可分为三个阶段:初相、主相和恢复相。

为了简洁描述各类磁扰强度和磁场的整体活动水平,人们提出了数十种地磁活动指数,这些指数为地磁现象和相关现象的研究提供了重要的基础资料。下面简单介绍几种常见的地磁活动指数(可由世界数据中心提供)。

Dst 指数是描述赤道环电流强度的指数,人们挑选出不受极光电集流和赤道电集流影响的,经度大致均匀分布的几个低纬台站,将这些台站地磁水平分量的时均值与相应的宁静水平分量相减就得到 Dst 的值,单位为 nT,Dst 指数通常是磁层中环电流强度的量度,SYM-H 则是 1 min 的 Dst 指数值。计算 Dst 指数时选取了在经度上均匀分布的四个位于低纬地区的台站。Dst 指数的计算公式为

$$\text{Dst} = \frac{1}{N} \sum_{n=1}^{N} \frac{H - H_{\text{q}}}{\cos\lambda} \tag{1.45}$$

其中,$N=4$,H 为地磁场水平分量,H_{q} 为磁静日的地磁水平分量,λ 为台站所在位置的磁纬度,$\cos\lambda$ 将不同磁纬度的磁扰归一化到赤道。

　　磁暴可以根据 Dst 指数最小值分为以下几类：弱磁暴（Dst 指数最小值为－50 nT～－30 nT）、中等强度磁暴（Dst 指数最小值为－100 nT～－50 nT）、强磁暴（Dst 指数最小值为－250 nT～－100 nT）和超强磁暴（Dst 指数最小值小于－250 nT）。

　　极光带磁扰程度通常用极光电集流指数 AU、AL、AE 和 AO 反映，术语"AE 指数"通常代表这四个指数。"AE 指数"是极光电集流活动的量度，即极区亚暴强度的量度。指数 AU 和指数 AL 分别是极光带的全部地磁台站的磁场的水平分量与宁静期平均水平分量的最大正偏差和最大负偏差。以 1 min 为时间间隔，正偏差在极光带只在傍晚能观测到，负偏差在早晨和夜间都能观测到。它们与沿极光带分别向东和向西流动的极光电集流有关。AE 指数是 AU 与 AL 之差，即每时段最大正变化与最大负变化绝对值之和，不论出现扰动的地点如何不同，它都从整体上代表极光带的磁扰程度，即它是极区磁亚暴强度的量度。后来学者们使用 100 多个北半球地磁台站（分布在 55°～87° MLat）计算出了 SME 指数（superMAG electrojet index）、SMU 指数（superMAG electrojet upper index）和 SML 指数（superMAG electrojet lower index），分别与 AE 指数、AU 指数和 AL 指数相对应。

　　Kp 指数是全球三小时磁情指数，或称为国际磁情指数，表示 3 h 时间间隔内的全球地磁活动性。Kp 指数与对应的磁场扰动幅度不成线性关系。

思考题

　　（1）请分别用单粒子轨道理论和 MHD 方法推导磁层顶的位置。

　　（2）总结磁层四类电流系的主要特点。

　　（3）说明极区和赤道地区电离层水平电流系的产生机制。

　　（4）阐述现有亚暴的几种产生机制的优缺点。

　　（5）地面的磁场可以用于测量环电流的能量，请推导环电流的 Dessler-Parker-Sckopke 关系：$\dfrac{\Delta B}{B} = -\dfrac{2}{3}\dfrac{W_{rc}}{W_{mag}}$，其中，$\Delta B$ 为地面的磁场扰动，B 为背景磁场强度，$W_{mag} = \dfrac{4\pi}{3\mu_0}B_e^2 R_e^3$ 是地球偶极子场的总能量，W_{rc} 是环电流的能量。

2

单粒子轨道运动理论

　　磁层中充满了大量等离子体,等离子体是由正负电荷组成的物质,为尺度大于德拜长度的宏观电中性电离气体,其运动主要受洛伦兹力支配,并表现出显著的集体行为。它广泛存在于宇宙中,常被视为是除去固、液、气外,物质存在的第四态。

　　等离子体和中性大气的区别体现在以下几个方面。等离子体是一种导电体,大气则是绝缘体。等离子体电子、离子独立运动,它们的群速度和温度不同,大气可以看成是一个整体,平衡状态下,其速度满足麦克斯韦分布。大气中,碰撞过程占主导;等离子体中,电磁力、波粒相互作用占主导。等离子体和普通气体的性质不同,普通气体由分子构成,分子之间的相互作用力是短程力,仅当分子碰撞时,分子之间的相互作用力才有明显效果。在等离子体中,带电粒子之间的库仑力是长程力,库仑力的作用效果远超带电粒子可能发生的短程碰撞的作用效果,等离子体中的带电粒子运动时,能引起正电荷或负电荷分离,产生极化电场。电荷的定向运动能够引起电流,产生扰动磁场,扰动磁场会影响其他带电粒子的运动,并伴随着热传导和辐射。等离子体能被磁力线束缚作回旋运动。等离子体的这些特性使它区别于普通气体被称为物质的第四态。等离子体的一般特性主要概括为以下几个方面。

　　(1) 具有准电中性:破坏电中性的任何扰动都会导致本区域强极化电场的出现,从而使得电中性得以恢复,也就是说,等离子体内电荷分布发生偏离的空间尺度与时间尺度都很小。

　　(2) 具有强导电性:由于存在很多自由电子和离子,等离子体的电导率很高。

　　(3) 可与电磁场发生相互作用:大量带电粒子在电磁场中运动又可以激发电磁场。

　　宇宙中 99% 的物质都处于等离子体状态,如太阳风、极光、行星际介质、日冕、闪电等都是等离子体,其密度和温度分布在较为广泛的区间。由于电磁力的长程作用特性,等离子体中的每个带电粒子同时与其他大量带电粒子相互作用。该过程导致等离子体粒子产生集体行为。在气态、非相对论等离子体中,单个粒子的运动受电磁场控制,电磁场是内部场(由于带电粒子的存在和运动)和外部场的总和。等离子体粒子的运动和相互作用可以用经典力学和电动力学来描述。

2.1 等离子体现象

2.1.1 德拜屏蔽

在无界空间,位于坐标系原点的静止点电荷(电荷电量为q_0,电荷密度为ρ_0)将产生静电场。如果系统中没有其他带电粒子(真空),中心电荷产生的静电场$\vec{E}$由泊松方程给出:

$$\mathbf{\nabla} \cdot \vec{E} = \frac{\rho_0}{\varepsilon_0} \tag{2.1}$$

在无界真空中,该泊松方程的解为

$$\vec{E}_0 = \frac{q_0}{4\pi\varepsilon_0} \frac{\vec{r}}{r^3}$$

其中,ε_0为真空介电常数,$\vec{r}$为场点到电荷源点的距离矢量。由于静电场无旋,因此可以引入标量场来描述电场矢量:$\vec{E}_0 = -\mathbf{\nabla}\psi_0$。代入式(2.1),标量势$\psi_0$满足泊松方程$\mathbf{\nabla}^2\psi_0 = \frac{\rho_0}{\varepsilon_0}$,在无界真空中,该泊松方程的解为

$$\psi_0 = \frac{q_0}{4\pi\varepsilon_0 r} \tag{2.2}$$

方程(2.2)就是静态场的库仑势,它是无界真空中静止的带电粒子所产生的电势。如果将该电荷放置在等离子体中,情况就大不相同了。由于等离子体中含有大量正负电荷,根据电荷同性相斥和异性相吸的规律,任一个带电粒子总是被一些异性电荷所包围,所以它的电场只能在一定的距离内起作用,超过这个距离,基本上就被周围异性电荷产生的电场所屏蔽或抵消。也就是说,在此特征长度以外,带电粒子间的库仑电场因为屏蔽效应而迅速减弱,这种效应称为德拜屏蔽。

下面我们来详细推导德拜屏蔽的数学表达式。将静止的试验电荷放入处于热力学平衡状态的准中性的带电粒子中,可以得到电子或离子的相空间分布函数F满足的玻尔兹曼方程:

$$(\vec{v} \cdot \mathbf{\nabla})F + [\vec{a} \cdot \mathbf{\nabla}_v]F = 0 \tag{2.3}$$

其中,$\vec{v}$是速度,$\vec{a}$是由外力引起的加速度,F为相空间分布函数。在这种情况下,由于只有电场,所以加速度也可以写成$\vec{a} = -\frac{1}{m}\mathbf{\nabla}\Phi$,其中,$\Phi = q\psi$是作用在粒子上的电势能。

假设气体接近平衡状态,离子的相空间分布函数可以用玻尔兹曼-麦克斯韦分布近似,在这种情况下,F可以写为

$$F = n\left(\frac{m}{2\pi k_B T}\right)^{3/2} e^{-\frac{mv^2}{2k_B T}} \tag{2.4}$$

其中,n为数密度,k_B为玻尔兹曼常数,m和T分别为质量和温度。将式(2.4)代入式(2.3),可以得到粒子的数密度分布方程如下:

$$\left[(\vec{v} \cdot \boldsymbol{\nabla})n + \frac{\vec{v} \cdot \boldsymbol{\nabla}\Phi}{k_{\mathrm{B}}T}n\right]\left(\frac{m}{2\pi k_{\mathrm{B}}T}\right)^{3/2}\mathrm{e}^{-\frac{mv^2}{2k_{\mathrm{B}}T}} = 0 \tag{2.5}$$

由此得到：

$$(\vec{v} \cdot \boldsymbol{\nabla})n + \frac{v \cdot \boldsymbol{\nabla}\Phi}{k_{\mathrm{B}}T}n = 0 \tag{2.6}$$

式（2.6）的解为

$$n = n_0\,\mathrm{e}^{-\frac{\Phi}{k_{\mathrm{B}}T}}$$

测试电荷 q_0 周围的带电粒子的电势能为 $\Phi = q\psi$。由于等离子体是准中性的，正负等离子体密度满足 $n_{\mathrm{e}0} = n_{\mathrm{i}} = n_0$。因此，总的电荷密度 ρ_{q} 可表示为测试电荷密度 ρ_0 和周围的带电粒子的电荷密度之和：

$$\rho_{\mathrm{q}} = \rho_0 + en_0\left[\mathrm{e}^{-\frac{e\psi}{k_{\mathrm{B}}T_{\mathrm{i}}}} - \mathrm{e}^{\frac{e\psi}{k_{\mathrm{B}}T_{\mathrm{e}}}}\right] \tag{2.7}$$

静电势满足泊松方程，即电势的拉普拉斯变换等于电荷密度，可写作：

$$\boldsymbol{\nabla}^2\psi = -\frac{\rho_0}{\varepsilon_0} - \frac{en_0}{\varepsilon_0}\left[\mathrm{e}^{-\frac{e\psi}{k_{\mathrm{B}}T_{\mathrm{i}}}} - \mathrm{e}^{\frac{e\psi}{k_{\mathrm{B}}T_{\mathrm{e}}}}\right] \tag{2.8}$$

其中，$e\psi$ 表示等离子体的电势能密度，$k_{\mathrm{B}}T$ 表示等离子体的平均动能，在等离子体中，势能应远小于动能，即 $\left|\dfrac{e\psi}{k_{\mathrm{B}}T}\right| \ll 1$，后面将进行详细说明。将指数项泰勒展开，保留一阶项，就可以得到在源电荷区域之外的电势满足的泊松方程：

$$\boldsymbol{\nabla}^2\psi = \frac{en_0}{\varepsilon_0}\left[\frac{e\psi}{k_{\mathrm{B}}T_{\mathrm{i}}} + \frac{e\psi}{k_{\mathrm{B}}T_{\mathrm{e}}}\right] = \frac{e^2 n_0}{\varepsilon_0 k_{\mathrm{B}}T^*}\psi \tag{2.9}$$

其中，等离子体等效温度 T^* 由下式给出：$\dfrac{1}{T^*} = \dfrac{1}{T_{\mathrm{e}}} + \dfrac{1}{T_{\mathrm{i}}}$，等离子体密度 $\rho = \dfrac{e^2 n_0}{k_{\mathrm{B}}T^*}\psi$。方程（2.9）的解为德拜电势：

$$\psi = \frac{q_0}{4\pi\varepsilon_0 r}\mathrm{e}^{-\frac{r}{\lambda_{\mathrm{D}}}} = \psi_0\,\mathrm{e}^{-\frac{r}{\lambda_{\mathrm{D}}}} \tag{2.10}$$

这里引入了一个新的参数 λ_{D}，其为德拜长度，有

$$\lambda_{\mathrm{D}}^2 = \frac{\varepsilon_0 k_{\mathrm{B}}T^*}{n_0 e^2} \tag{2.11}$$

式（2.10）中，ψ_0 是真空中的试验电荷产生的库仑势，其与库仑势的不同点在于后面多了一项幂指数，表示随着距离的增加，电势快速衰减至零，衰减的快慢程度与 λ_{D} 有关。这个结果的物理意义很清楚：对于远小于入口的距离，静电势与真空中单个电荷的库仑势基本相同，而对于大于 λ_{D} 的距离，电势很快衰减至零。因此，在远离中心试验电荷的场点，静电场被等离子体中离子和电子引起的电场屏蔽。德拜屏蔽是等离子体的基本特征之一。如果我们把常数代入式（2.11），则可以得到 λ_{D} 的快速计算公式：

$$\lambda_{\mathrm{D}} = 6.9\sqrt{\frac{T^*}{n_0}} \tag{2.12}$$

其中，温度的单位为 K，密度的单位为 cm^{-3}，计算出来的德拜长度的单位为 cm。

德拜长度是描述等离子体中电荷的作用尺度的典型长度，是等离子体的重要参量。从计算式（2.11）可以看出，德拜长度与等离子体的密度和温度有关，其与温度

成正比,与密度成反比。在德拜球内,正负电荷是分离的,球内各点电子密度不等于离子密度。如果让电离气体成为宏观电中性等离子体,则只有当它的空间尺度远大于德拜长度时,才满足电中性的条件,才能被称为等离子体。德拜长度是荷兰物理学家和化学家彼得·德拜引入的物理量,它描述了一个正离子的电场影响电子的最远距离。德拜长度已成为等离子体物理中的一个基本物理量。由于在 X 射线衍射和分子偶极矩理论方面的杰出贡献,德拜获得了 1936 年的诺贝尔化学奖。

一般来说,准中性的等离子体对外界不施加电场力,如果中性条件被破坏,即等离子体带净电荷,就会产生电场,等离子体会吸引异性电荷,趋于恢复电中性。重新建立电中性所需要的时间通常称为等离子体的响应时间。等离子体对净电荷的响应可以看成是等离子体发动大约一个德拜球的异性电荷去屏蔽试验电荷或者净电荷,假设等离子体的平均速度为热速度:

$$v_{\text{th}} = \sqrt{k_{\text{B}} T / m} \tag{2.13}$$

则等离子体的响应时间为

$$\frac{\lambda_{\text{D}}}{v_{\text{th}}} = \sqrt{\frac{m \varepsilon_0}{e^2 n_0}} \tag{2.14}$$

这个时间也可以看成是维持系统准中性或者实现德拜屏蔽所需要的时间。

下面我们比较下库仑势和德拜势的区别。库仑势是自由空间带电量为 q_0 的电荷在空间产生的电势,德拜势是在等离子体环境中带电量为 q_0 的电荷产生的电势。在两种情形下,电势都随距离的增加而减小。但是,在等离子体环境中,电势随距离的增加衰减得更迅速,显示出等离子体快速响应的屏蔽效应,只有在德拜长度内,带电粒子间受到库仑作用引起的磁撞,才存在带电量为 q_0 的电荷所产生的电场。

接下来我们证明等离子体的势能远小于平均动能(即 $|e\psi/kT| \ll 1$)。由泊松方程(2.9),等离子体的电荷密度可以表示为

$$\rho = -\frac{\varepsilon_0}{\lambda_{\text{D}}^2} \psi = -\frac{q_0}{4\pi \lambda_{\text{D}}^2 r} e^{-\frac{r}{\lambda_{\text{D}}}} \tag{2.15}$$

电子和离子的势能密度为

$$\omega = \rho \psi = -\frac{e^2}{(4\pi)^2 \varepsilon_0 \lambda_{\text{D}}^2 r^2} e^{-\frac{2r}{\lambda_{\text{D}}}}$$

则平均势能为

$$\overline{W} = -\iiint_{\infty} \frac{e^2}{(4\pi)^2 \varepsilon_0 \lambda_{\text{D}}^2 r^2} e^{-\frac{2r}{\lambda_{\text{D}}}} d^3 r = -\frac{e^2}{8\pi \varepsilon_0 \lambda_{\text{D}}} \tag{2.16}$$

等离子体粒子的平均动能为

$$\overline{E} = \frac{3}{2} k_{\text{B}} T^* \tag{2.17}$$

因此平均势能和动能之比为

$$\frac{|\overline{W}|}{\overline{E}} = \frac{e^2}{12\pi \varepsilon_0 \lambda_{\text{D}} k_{\text{B}} T^*} = \frac{1}{12\pi n_0 \lambda_{\text{D}}^3} \tag{2.18}$$

由此可见,德拜球的半径越大,该比值越小。

德拜球内的等离子体粒子总数为

$$N_D = 8\pi n_0 \lambda_D^3 / 3 \qquad (2.19)$$

把 λ_D 代入式(2.19),可推得 N_D 与温度的 $\frac{3}{2}$ 次方成正比,与密度的平方成反比。

因此,平均势能和动能之比又可以写为 $\frac{2}{9N_D}$,这表明平均势能和动能之比与 N_D 成反比,如太阳风等离子体中,$N_D = 10^{10}$,因此,势能远小于动能的条件成立。

2.1.2 等离子体频率

电子的振荡是等离子体中最普遍、最快的集体运动之一。建立德拜屏蔽的过程必然会引起等离子体的振荡。假设存在一块厚度为 L 的等离子体板,为简单起见,假设等离子体为准中性的(电子密度为零),等离子体板仅包含一种类型的单离子。我们假设离子板和电子板在外加电场的作用下发生相对移动,电子板移动了 $s_e \ll L$ 的距离,离子板向相反方向移动了 $s_i \ll L$ 的距离。现在两个板之间的总距离为 $s = s_e - s_i$。根据泊松方程,位移导致净位移方向上产生均匀电场:

$$E = \frac{qs}{\varepsilon_0}$$

其中,$q = n_0 e$。

可以结合电子和离子的运动方程 $\dfrac{\mathrm{d}v}{\mathrm{d}t} = \dfrac{\mathrm{d}^2 s}{\mathrm{d}t^2} = -\dfrac{eE}{m}$ 得到

$$\frac{\mathrm{d}^2 s_e}{\mathrm{d}t^2} - \frac{\mathrm{d}^2 s_i}{\mathrm{d}t^2} = \frac{-eE}{m_e} - \frac{eE}{m_i} = -\left(\frac{n_0 e^2}{\varepsilon_0 m_e} + \frac{n_0 e^2}{\varepsilon_0 m_i}\right)s \qquad (2.20)$$

这个运动方程的振荡频率(亦称为等离子体频率)为

$$\omega_p^2 = \omega_{pe}^2 + \omega_{pi}^2 = \frac{n_0 e^2}{\varepsilon_0 m_e} + \frac{n_0 e^2}{\varepsilon_0 m_i} \qquad (2.21)$$

由于离子质量远大于电子质量,所以 $\omega_{pe} \gg \omega_{pi}$。因此,等离子体频率基本上由电子密度决定:$\omega_p \approx \omega_{pe}$。等离子体频率又称朗缪尔频率,以美国物理学家和化学家欧文·朗缪尔的名字命名。在可以忽略离子热运动的冷等离子体中,这种等离子体振荡不向外传播,不会形成波动。在热等离子体中,即电子热运动的影响(压强项)不可忽略时,这种振荡会形成纵波,称为朗缪尔波,它是电子密度的疏密波。朗缪尔在等离子体物理方面作出了重要贡献。他首次提出用等离子体这个词描述气体放电管里的物质,并引入了电子温度的概念,发明了测量电子温度的仪器——朗缪尔探针。朗缪尔因在表面化学上的杰出成就获得 1932 年的诺贝尔化学奖。

在等离子体物理中,通常使用四个主要的参数来描述等离子体的特征,其中,等离子体的密度和温度是两个独立的参数,而德拜长度和等离子体频率是密度和温度的函数。德拜长度乘以等离子体频率实际上等于等离子体的平均热速度,如下式所示:

$$\omega_p \lambda_D = \sqrt{\frac{e^2 n}{\varepsilon_0 m}} \sqrt{\frac{\varepsilon_0 k_B T}{e^2 n}} = \sqrt{\frac{k_B T}{m}} = v_{th} \qquad (2.22)$$

其中,$v_{th} = (k_B T/m)^{1/2}$ 为等离子体的平均热速度。由以上分析可知:等离子体密度越大,德拜长度越小,等离子体频率越高,电荷分离的空间尺度和时间尺度越小。

需要指出的是,如果电荷之间的距离超过德拜长度,那么就应该用集体相互作用来解释等离子体,比如用等离子体振荡频率来解释。但是如果电荷之间的距离小于德拜长度,则等离子体之间的相互作用就要用库仑静电力来解释。通常来说,等离子体库仑碰撞能够起作用的程度由粒子之间的相互作用势能和粒子热运动能量之间的相对大小来决定。温度越高,粒子自由运动的能量越高,则库仑碰撞的影响变得不重要,密度越低,则参与作用的粒子越少,库仑碰撞的影响也越低。

等离子体处于运动状态,因此可以向外辐射电磁波,通过探测该电磁波可以探知等离子体的状态。例如日冕中的硬 X 射线一般是由电子与日冕背景等离子体相互作用激发的。

要定量理解等离子体的行为,必须弄清楚等离子体的运动和电磁场的变化,因此要用到麦克斯韦方程组(电磁场满足的方程)和粒子的运动方程(单粒子轨道运动理论)。由于等离子体数量繁多,该求解过程非常烦琐。因此常作各种近似处理,比如将等离子体看作流体,用流体力学来描述等离子体(流体力学理论)。如果关注的空间尺度很小,那么就可以用粒子的速度分布情况来描述等离子体(分子运动论)。接下来首先对单粒子轨道(运动)理论进行较为详细的描述。

单粒子轨道理论是等离子体物理学的理论研究近似方法之一,其把等离子体看成由大量独立的带电粒子组成的集体,只讨论单个带电粒子在外加电磁场中的运动,而忽略粒子间的相互作用。单粒子轨道理论适用于稀薄等离子体,对于稠密等离子体,由于该理论没有考虑集体效应,具有一定的局限性。单粒子轨道理论主要用于求解单粒子的运动方程,在均匀恒定磁场条件下,带电粒子受洛伦兹力作用,沿着以磁力线为轴的螺旋线运动(带电粒子的回旋运动)。如果还存在静电力或重力,或磁场是非均匀的,则带电粒子除了以磁力线为轴作螺旋线运动外,还会作垂直于磁力线的漂移运动。漂移运动是单粒子轨道理论的重要内容,如由静电力引起的电漂移、由磁场梯度和磁场曲率引起的梯度漂移和曲率漂移等。单粒子轨道理论的另一个重要内容是绝热不变量:当带电粒子在随空间或时间缓慢变化的磁场中运动时,在一级近似理论中,存在着可视为常量的绝热不变量。在本章中,我们会介绍单粒子(带电或中性粒子)在引力场、电场和磁场中的运动,并假设这些外加场不受粒子运动的影响,这种方法通常被称为"测试粒子"方法。

2.2 电磁场理论基础

2.2.1 麦克斯韦方程组

电荷是物质的基本属性之一,实际应用中经常用到点电荷概念。如果在所讨论的问题中,带电体的形状、大小可以忽略不计,就可将其视为一个几何点,称为点电荷。点电荷的密度函数为 ρ,电荷定向运动会形成电流。这里的电荷运动指的是电荷宏观上的定向运动,不包含电荷微观上的无规则的热运动。为了描述空间某点电荷运动速度的大小和方向,引入电流密度矢量$\vec{J}$,其大小为包含该点在内的单位截面的电流强度的最大值,方向为该点处正电荷的运动方向。ρ和$\vec{J}$应满足电荷守恒定律,其物理意义为:如果某一区域中的电荷增加或减少,必有等量的电荷进入或离开该区域;另一方面,在一个闭合系统内部,如果某个变化过程产生或湮灭了某种电荷,则必有等量异号的电荷同时产生或湮灭。电荷守恒定律的数学微分关系式为

$$\mathbf{\nabla} \cdot \vec{J} + \frac{\partial \rho}{\partial t} = 0 \tag{2.23}$$

其积分关系式为

$$\oiint_S \vec{J} \cdot d\vec{S} + \iiint_V \frac{\partial \rho}{\partial t} dV = 0 \tag{2.24}$$

电荷和电流可以激发电磁场,英国物理学家和数学家詹姆斯·麦克斯韦在总结前人宏观电磁场实验研究成果的基础上,研究了这些实验规律之间的内在联系和矛盾,他创新地引入了位移电流的概念,并以高超的数学才能,总结出了四个偏微分数学方程式,定量地建立了描述电磁相互作用和运动规律的方程——麦克斯韦方程组。麦克斯韦既是经典电动力学的创始人,也是统计物理学的奠基人之一,他被普遍认为是对物理学最具有影响力的物理学家之一。

下面给出麦克斯韦方程组的微分和积分表达式及其物理意义。

电场的高斯定理为静电荷是静电场的通量源,即

$$\begin{cases} \mathbf{\nabla} \cdot \vec{D}(r,t) = \rho(r,t) \\ \oiint_S \vec{D}(r,t) \cdot d\vec{S} = \iiint_V \rho(r,t) dV \end{cases} \tag{2.25}$$

其中,$\vec{D}$是电位移矢量。该定理的基础是库仑定律,描述了电荷与周围电场之间的关系,即电荷是电场的通量源,其力线起于正电荷,止于负电荷,在没有电荷的空间连续。

磁场的高斯定理又称作磁通连续性定理,其指出磁场对于任意闭合曲面的通量为零,为无散场,说明磁场不存在通量源,即自然界没有孤立的磁荷,即有

$$\begin{cases} \mathbf{\nabla} \cdot \vec{B}(r,t) = 0 \\ \oiint_S \vec{B}(r,t) \cdot d\vec{S} = 0 \end{cases} \tag{2.26}$$

麦克斯韦将法拉第电磁感应定律进行了推广,他假设变化的磁场产生感应(涡旋)电场不仅存在于导体环路中,同时也存在于任何其他物质空间中,这是电场、磁场相互作用与联系的普遍规律,即

$$\begin{cases} \mathbf{\nabla} \times \vec{E}(r,t) = -\frac{\partial \vec{B}(r,t)}{\partial t} \\ \oint_l \vec{E}(r,t) \cdot dl = -\frac{d}{dt}\iint_S \vec{B}(r,t) \cdot d\vec{S} \end{cases} \tag{2.27}$$

麦克斯韦创造性地引入了位移电流$\frac{\partial \vec{D}(r,t)}{\partial t}$,对恒定电流情况下的安培环路定律

进行了修正,得到了一般情形下的广义安培环路定律。该定律表明,变化的电场与传导电流一样可以产生涡旋磁场,有

$$\begin{cases} \mathbf{\nabla} \times \vec{H}(r,t) = \vec{J}(r,t) + \dfrac{\partial \vec{D}(r,t)}{\partial t} \\[2mm] \oint_l \vec{H}(r,t) \cdot \mathrm{d}l = \iint_S \left[\vec{J}(r,t) + \dfrac{\partial \vec{D}(r,t)}{\partial t} \right] \cdot \mathrm{d}\vec{S} \end{cases} \tag{2.28}$$

方程(2.28)称为宏观电磁场的麦克斯韦方程组,它们作为整体,描述了空间中电磁场与激励源(电荷与电流)、电场与磁场的相互作用和联系的普遍规律。其中,微分方程描述的是定义区域内任意点及其邻域电磁场与源、电场与磁场的相互作用和联系。而积分方程描述的是某个空间区域内,电磁场量和场源之间的相互作用和联系。前者是微观的,要求某点及其邻域内场量连续可微;后者是宏观的,只要求在媒质空间区域内场量分区连续即可。

下面总结一下麦克斯韦方程组的微分和积分形式。

微分方程组为

$$\begin{cases} \mathbf{\nabla} \cdot \vec{D}(r,t) = \rho(r,t) \\[1mm] \mathbf{\nabla} \cdot \vec{B}(r,t) = 0 \\[1mm] \mathbf{\nabla} \times \vec{E}(r,t) = -\dfrac{\partial \vec{B}(r,t)}{\partial t} \\[2mm] \mathbf{\nabla} \times \vec{H}(r,t) = \vec{J}(r,t) + \dfrac{\partial \vec{D}(r,t)}{\partial t} \end{cases} \tag{2.29a}$$

积分方程组为

$$\begin{cases} \oiint_S \vec{D}(r,t) \cdot \mathrm{d}\vec{S} = \iiint_V \rho(r,t)\,\mathrm{d}V \\[2mm] \oiint_S \vec{B}(r,t) \cdot \mathrm{d}\vec{S} = 0 \\[2mm] \oint_l \vec{E}(r,t) \cdot \mathrm{d}\vec{l} = -\dfrac{\mathrm{d}}{\mathrm{d}t} \iint_S \vec{B}(r,t) \cdot \mathrm{d}\vec{S} \\[2mm] \oint_l \vec{H}(r,t) \cdot \mathrm{d}\vec{l} = \iint_S \left[\vec{J}(r,t) + \dfrac{\partial \vec{D}(r,t)}{\partial t} \right] \cdot \mathrm{d}\vec{S} \end{cases} \tag{2.29b}$$

有趣的是,上述 4 个偏微分方程并非完全独立的。比如,对法拉第电磁感应定律中的微分方程两边求散度:

$$\mathbf{\nabla} \cdot [\mathbf{\nabla} \cdot \vec{E}(r,t)] = -\frac{\partial}{\partial t} \mathbf{\nabla} \cdot \vec{B}(r,t) = 0 \Rightarrow \mathbf{\nabla} \cdot \vec{B}(r,t) = 0 \tag{2.30}$$

得到的正是磁场的高斯定理。同样,对广义安培环路定律的微分方程的两边求散度,可以导出电场的高斯定理。因此,4 个方程中,真正独立的只有 2 个。但是这并不意味着麦克斯韦方程组只需要 2 个方程组。这是因为麦克斯韦方程组中的 4 个方程组分别是特定相关电磁现象实验规律的总结或假设,且电场和磁场均为矢量场,根据 Helmholtz 定理,对于矢量场,只有其散度、旋度都确定后,其才能唯一确定(设边界上的电磁场已

知)。

另外一个有趣的结论是,真空中的麦克斯韦方程组包含的三个常数,即真空中的光速($c = 2.9979 \times 10^8$ m/s)、真空磁导率($\mu_0 = 4\pi \times 10^{-7}$ H/m)、真空介电常数($\varepsilon_0 = 8.8542 \times 10^{-12}$ F/m),并不是相互独立的,它们可以通过下面的方程式联系起来:

$$c = \frac{1}{\sqrt{\varepsilon_0 \mu_0}} \approx 3 \times 10^8 \,(\text{m/s}) \tag{2.31}$$

c 是真空中电磁波的传播速度,式(2.31)表明电磁波在真空中的传播速度是一个常数,与波源和观察点的运动状态无关。这是一个在经典物理学范畴中特别重要的结论,现代物理学实验证明了这一事实。正是对这一物理现象的深入研究,令爱因斯坦建立了狭义相对论理论。

2.2.2　洛伦兹变换

在 19 世纪末,光速不变原理与伽利略变换相悖,很难被人们接受。荷兰物理学家亨德里克·安东·洛伦兹推导了一组时空变换式,来调和经典电动力学同牛顿力学之间的矛盾,该变换后来成为物理学家阿尔伯特·爱因斯坦狭义相对论中的基本方程组。洛伦兹变换关系式可以基于相对论和光速不变原理推得,具体推导过程这里不再赘述,感兴趣的读者可自行推导。

考虑两个惯性参考系 O 和 O' 以恒定的相对速度 u 相互运动,两个参考系中的时间和空间坐标分别为 (t, x, y, z) 和 (t', x', y', z')。为了简单起见,我们选择令两个坐标系的相对速度 u 平行于坐标系的 x 轴,即 $u = (u, 0, 0)$。O' 与 O 中的时间和空间坐标满足洛伦兹变换和逆变换:

$$\begin{cases} t' = \gamma\left(t - \dfrac{u}{c^2}x\right) \\ x' = \gamma(x - ut) \end{cases} \quad \text{和} \quad \begin{cases} t = \gamma\left(t + \dfrac{u}{c^2}x'\right) \\ x = \gamma(x' + ut') \end{cases} \tag{2.32}$$

其中,洛伦兹因子 γ 被定义为

$$\gamma = \left(1 - \frac{u^2}{c^2}\right)^{-1/2}$$

不同惯性系中的物理定律在洛伦兹变换下的数学形式不变,这反映了空间和时间的密切联系,也狭义相对论中最基本的关系。

以速度 v 运动的粒子的相对论动量和能量分别为 $p = \gamma m v$ 和 $\varepsilon = \gamma m c^2$,其中,$m$ 是粒子的静止质量,ε 是粒子的总能量。很容易得到总能量和动量、静止质量的关系为 $\dfrac{\varepsilon^2}{c^2} - p \cdot p = m^2 c^2$。

2.2.3　洛伦兹力

电磁场对带电粒子施加洛伦兹力,表达式为 $\vec{F} = q(\vec{E} + \vec{v} \times \vec{B})$,其中,$q$ 是粒子电荷,$\vec{v}$ 是粒子速度,$\vec{E}$ 和 $\vec{B}$ 分别是电场强度和磁场强度。从公式可知,电场力可以对粒子做功,但磁场力不对粒子做功。磁场力垂直于粒子的运动方向,在平行于磁场的方向上,

粒子不受磁场力的作用。

假设粒子在电磁力和重力的影响下运动,则粒子的加速度为 $\vec{a}=\dfrac{q}{m}(\vec{E}+\vec{v}\times\vec{B})+\vec{g}$,其中,$\vec{g}$ 是粒子的重力加速度,m 是粒子的质量。

2.3　空间均匀的场

2.3.1　均匀磁场

忽略外加电场和重力场,带电粒子在均匀磁场 B 中(磁场沿 z 轴方向)的加速度方程为

$$\frac{\mathrm{d}^2\vec{v}}{\mathrm{d}t^2}=-\left(\frac{q_0 B}{m}\right)^2(v_x\widehat{e}_x+v_y\widehat{e}_y)\tag{2.33}$$

该方程描述了一个围绕磁力线的回旋周期运动,回旋频率为

$$\Omega=\frac{qB}{m}\tag{2.34}$$

从运动方程可以看出,q 的符号决定了旋转方向,如果外加磁场垂直于纸面向外,则正离子绕磁力线顺时针旋转,而电子则绕磁力线逆时针旋转,也就是说,正电荷和负电荷绕磁力线的旋转方向是相反的。电荷运动形成电流,由此激发的磁场扰动总与外加磁场方向相反,因此带电粒子在外加磁场中运动会产生逆磁效应。回旋半径 r_c 的表达式为

$$r_c=\frac{v_\perp}{\Omega}=\frac{mv_\perp}{Bq}\tag{2.35}$$

可以看出,回旋半径与粒子垂直能量成正比,与当地磁场强度成反比。也就是说,粒子的垂直能量越大,磁场强度越小,粒子的回旋半径越大。

在直角坐标系中,粒子的速度可以写成:$\vec{v}=v_\perp\cos\Omega t\,\widehat{e}_x\mp v_\perp\sin\Omega t\,\widehat{e}_y+v_\parallel\widehat{e}_z$,其中,$v_\parallel$ 和 $v_\perp$ 分别表示平行于和垂直于磁场矢量的速度分量,从而可得到直角坐标系中粒子的运动轨迹方程为

$$\vec{r}-\vec{r}_0=\frac{v_\perp}{\Omega}\sin\Omega t\,\widehat{e}_x\pm\left(\frac{v_\perp}{\Omega}\cos\Omega t\right)\widehat{e}_y+v_\parallel t\,\widehat{e}_z\tag{2.36}$$

其中,$\pm$ 号对应正负电荷。上式表明,粒子的运动可以分解成两个简单的运动:绕磁力线以频率 Ω 做的圆周运动,以及沿磁力线做的匀速运动,因此,带电粒子的运动轨迹为螺旋状的。

2.3.2　漂移运动

如果在垂直于磁场的平面内,存在其他外加力场,则会使粒子出现垂直于磁场和外力的漂移运动。令外加磁场的方向为 z 轴正方向,则带电粒子的加速度可以写为

$$\vec{a}=\frac{1}{m}(a_x\pm\Omega v_y)\widehat{e}_x+\frac{1}{m}(a_y\mp\Omega v_x)\widehat{e}_y+\frac{a_z}{m}\widehat{e}_z\tag{2.37}$$

其中,$\vec{a}$ 为外力加速度,±号表示正负电荷。对该方程进行求解,可以得到引导中心的漂移运动速度为

$$\vec{v}_d = \frac{m}{q}\frac{\vec{a}\times\vec{B}}{B^2} \qquad (2.38)$$

引导中心出现漂移的物理原因是:在垂直于磁场的平面内,外力分量不为零。粒子做回旋圆周运动的半周期内,粒子可能在外力场的作用下被加速,而在另半个周期内,粒子可能被外力减速。粒子的回旋半径与垂直速度成正比,这使轨道两半部分的回旋半径出现差异,从而导致引导中心出现漂移。

接下来我们分析两种不同的漂移。一种是由恒定电场(代表一种力,矢量方向与电荷的极性有关)引起的,此时 $\vec{a} = \frac{q}{m}\vec{E}$,此时漂移速度为 $\vec{v}_E = \frac{\vec{E}\times\vec{B}}{B^2}$。在这种情况下,漂移速度与粒子的极性、质量和能量无关。离子和电子都以相同的方向和速度发生漂移,因此,电场漂移不产生净电流。这说明,如果外力的方向与电荷的极性有关,那么电子和离子的漂移速度方向相同。另一种是由重力(代表另一类型的力,方向与电荷的极性无关)引起的,此时 $\vec{a} = \vec{g}$,则粒子的漂移速度为 $\vec{v}_g = \frac{m}{q}\frac{\vec{g}\times\vec{B}}{B^2}$。这种漂移不同于电场漂移,此时,速度与荷质比有关。这意味着电子和离子不仅以不同的速度漂移,而且漂移方向相反,因此可导致净电流的产生。重力场的漂移通常可以忽略不计,但它可以为其他外力漂移作参考。这说明,如果外力的方向与电荷的极性无关,那么电子和离子的漂移速度方向相反,可以在垂直于外力和磁场的方向上产生净电流。下文中讲到的磁场梯度、旋度漂移就属于这种情形。

2.4 地球偶极子场

地球的磁场于 32 亿年前形成,自 1840 年以来,地球磁场的偶极矩每 100 年下降 5%～7%。在过去的 150 年里,地球磁场的偶极矩已经减弱了 9%。按这个速率下去,大约 800 年以后地球磁场的偶极矩将下降一半。古地磁研究的结果证实,地球磁场的极性在历史上曾多次倒转,在大约 4 万 2 千年前,地球磁场的极性的反转可能与环境危机和物种灭绝事件有关。偶极矩的减小对近地环境有重要影响,地球磁层、电离层和热层的结构将发生重大变化,这可能造成空间环境进一步恶化,给人类活动带来严重危害。

如第 1 章所述,地球磁场一级近似为偶极子场,在磁坐标系 (r,λ,φ) 中可以表示为

$$\vec{B} = \frac{\mu_0}{4\pi}\frac{M}{r^3}(-2\sin\lambda\,\hat{e}_r + \cos\lambda\,\hat{e}_\lambda) \qquad (2.39)$$

其中,M 是磁矩的强度,r 是磁场中心到偶极子中心的径向距离,而 λ 和 φ 分别是磁纬度和磁经度。可以看到,在 φ 角方向上没有磁场分量,即偶极子场是围绕磁轴对称分布的。总磁场强度可以写为

$$B = \frac{\mu_0}{4\pi}\frac{M}{r^3}\sqrt{1+3\sin^2\lambda} \qquad (2.40)$$

磁力线 $\vec{l}_M$ 的方程则由下式给出：

$$\vec{B}(r,\lambda,\varphi)\times\vec{l}_M=0$$

其中，

$$l_M=\widehat{e}_r\mathrm{d}r-\widehat{e}_\lambda r\mathrm{d}\lambda$$

则可得

$$\frac{\mathrm{d}r}{B_r}=\frac{r\mathrm{d}\lambda}{B_\lambda}$$

将磁场各分量代入，可得

$$\frac{\mathrm{d}r}{r}=\frac{B_r}{B_\lambda}\mathrm{d}\lambda=-\frac{2\sin\lambda}{\cos\lambda} \tag{2.41}$$

求解可得

$$r=L\cos^2\lambda \tag{2.42}$$

其中，L 是磁力线的赤道穿越距离（以地球半径为单位）。

沿磁力线的弧长可以表示为 $\mathrm{d}s^2=\mathrm{d}r^2+r^2\mathrm{d}\lambda^2$，因此 $\mathrm{d}s/\mathrm{d}\lambda$ 和 $\mathrm{d}s/\mathrm{d}r$ 分别可以写为

$$\frac{\mathrm{d}s}{\mathrm{d}\lambda}=\frac{B}{B_\lambda}=L\cos\lambda\sqrt{1+3\sin^2\lambda} \tag{2.43}$$

$$\frac{\mathrm{d}s}{\mathrm{d}r}=\frac{B}{B_r}=\frac{\sqrt{1+3\sin^2\lambda}}{2\sin\lambda}$$

地球的磁偶极子不是以地核为中心的，而是会向东南亚方向偏移约 700 km，这一特征使地球表面磁场上会出现几个异常区域。

（1）南大西洋异常区是地球上面积最大的磁场异常区域，位于南美洲东侧南大西洋的地磁异常区域（中心大约在 45°W，30°S），和相邻区域相比，其磁场强度很弱，大概是同纬度正常区磁场强度的 50% 左右。南大西洋异常区使得空间高能带电粒子的环境分布改变，尤其是内辐射带在该区的高度会明显降低，最低高度可降到 200 km 左右。南大西洋异常区内，高能质子和电子的通量都很高。

（2）1200 年至 1300 年这近百年里，东南亚地区的磁场方向每年变化约 0.05°，倾斜度从约 30°减至只有 5°，磁场的强度也大幅降低。在大约 800 年前，东南亚局部地区的磁场就已经出现明显的异常。

地磁场的异常对地球空间各圈层的电动力学过程有重要影响。例如南半球南大西洋异常区是磁层和电离层电磁离子回旋波（electromagnetic ion cyclotron waves，EMIC）的高发生区，因为此处的地磁场强度较低，粒子的漂移壳分裂导致此处波的发生率更高。漂移壳分裂指的是：投掷角较大的粒子沿着具有固定磁场强度值的磁力线漂移，而投掷角较小的粒子沿着圆形轨道漂移。在南大西洋异常区内，投掷角较大的粒子相较于投掷角较小的粒子更容易向地球方向移动（漂移壳分裂），这会导致具有不同投掷角的高能粒子产生各向异性分布，这是 EMIC 产生的重要条件。EMIC 的传播速度为阿尔文速度：$V_A=B/(\mu_0 n_e m_0)^{1/2}$，其中，$\mu_0$ 为真空磁导率，n_e 为电子密度，m_0 为离子质量。在南大西洋异常区，当电磁波沿着磁力线向较低高度传播时，由于磁场减弱，传播速度减小，EMIC 向地表的泄漏被抑制，因此，EMIC 更容易在电离层高度处被观

测到。

2.5 空间非均匀磁场

本节介绍带电粒子在非均匀磁场中发生的漂移运动。地球上的磁场在平行于磁场的方向上存在梯度,例如两极的磁场强度显著高于赤道平面的磁场强度。如前文所述,当粒子在均匀磁场中运动时,在平行于磁场的方向上,其不受磁场力的作用,做匀速运动。但是,当粒子在存在空间梯度(沿着磁场方向)的磁场中运动时,如粒子进入到磁场逐渐会聚的区域时,在平行于磁场的方向上将受到磁场力的约束,粒子将出现加速或减速的现象。

2.5.1 磁矩

面积为 A、电流强度为 I 的电流环的磁矩被定义为 AI。对于做回旋运动的带电粒子,电流强度 $I=q/T_c$,其中,$T=2\pi/\Omega$ 为粒子的回旋周期。回旋环的面积 $A=\pi r_c^2=\dfrac{\pi v_\perp^2}{\Omega^2}$。磁矩的大小为

$$\mu_m=\frac{\pi v_\perp^2}{\Omega^2}\frac{|q|\Omega}{2\pi}=\frac{1}{2}\frac{mv_\perp^2}{B} \tag{2.44}$$

2.5.2 磁镜力

考虑轴对称的磁场,在柱坐标中,磁场强度沿磁力线 z 方向缓慢变化,在 $z=0$ 的平面,磁场最弱,随着 z 的绝对值增加,磁场逐渐增强,如图 2.1 所示。

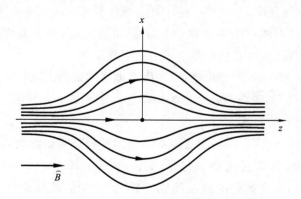

图 2.1 存在梯度的磁力线构型示意图

在柱坐标系中,$B_\rho=B_\rho(z,\rho)$,$B_\varphi=0$,$B_z=B_0(z)$,$|B_0|\gg|B_\rho|$。由于自然界中没有磁荷的存在,磁场无散($\nabla\cdot\vec{B}=0$),因此可知,沿着对称轴,磁力线聚集。根据麦克斯韦方程的磁场的高斯方程,磁场 z 分量和 ρ 分量之间满足 $\dfrac{1}{\rho}\dfrac{\partial}{\partial\rho}(\rho B_\rho)+\dfrac{\partial B_z}{\partial z}=0$,即 $B_\rho=-\dfrac{\rho}{2}\left(\dfrac{\partial B_0}{\partial z}\right)$,故洛伦兹力可以表示为

$$\vec{F} = \mp q B_0 v_\perp \widehat{e}_\rho - \frac{1}{2} q r_c v_\parallel \frac{\partial B_0}{\partial z} \widehat{e}_\varphi \mp \frac{1}{2} q r_c v_\perp \frac{\partial B_0}{\partial z} \widehat{e}_z \tag{2.45}$$

对该力在一个回旋周期内做平均,当粒子绕磁力线做回旋运动时,F_z 分量的方向保持不变,但是 F_ρ 和 F_φ 分量旋转了 $360°$,因此 $\langle F_\rho \rangle = 0$,$\langle F_\varphi \rangle = 0$。又因为 $r_c = \dfrac{m v_\perp}{B q}$,因此回旋周期之内作用在粒子上的平均力为

$$\langle F_z \rangle \approx -\frac{1}{2} \frac{m v_\perp^2}{B_0} \frac{\partial B_0}{\partial z} \widehat{e}_z \tag{2.46}$$

该力又称为磁镜力。如果引入磁矩 $\mu_m = \dfrac{1}{2} \dfrac{m v_\perp^2}{B}$,则磁镜力又可以表示为 $F_\parallel = -\mu_m \dfrac{\mathrm{d}B}{\mathrm{d}z}$。

上面是在柱坐标系中推导的磁镜力的表达式,下面在直角坐标系中推导一下磁镜力的表达式。在直角坐标系中,磁场的高斯方程 $\boldsymbol{\nabla} \cdot \vec{B} = 0$ 可以写为 $\dfrac{\partial B_x}{\partial x} \widehat{e}_x + \dfrac{\partial B_y}{\partial y} \widehat{e}_y + \dfrac{\partial B_z}{\partial z} \widehat{e}_z = 0$,因此可得 $B_x = -\dfrac{1}{2} \dfrac{\partial B_z}{\partial z} x$,$B_y = -\dfrac{1}{2} \dfrac{\partial B_z}{\partial z} y$。

则粒子在平行方向上受到的力为 $F_z = q(v_x B_y - v_y B_x)$,将磁场各分量代入,整理后得到 $F_z = -\dfrac{q}{2} \dfrac{\partial B_z}{\partial z}(v_x y - v_y x)$。如果磁场变化得足够缓慢,则横向运动可以看成是圆周运动,即 $x = r_c \sin\Omega t$,$y = \pm r_c \cos\Omega t$,速度为 $v_x = \Omega r_c \cos\Omega t$,$v_y = \mp \Omega r_c \sin\Omega t$,带入平行力的公式,整理后得到 $F_z = -\dfrac{q \Omega r_c^2}{2} \dfrac{\partial B_z}{\partial z} = -\dfrac{m v_\perp^2}{2B} \dfrac{\partial B_z}{\partial z}$。

2.5.3 第一绝热不变量

在介绍磁镜力的物理意义之前,我们先讨论一个与粒子回旋运动有关的不变量。在磁层物理中,绝热不变量起着非常重要的作用,它是用于理解空间环境中各种现象简单而有力的工具。在一个缓慢变化的磁场中,运动的粒子的能量会发生变化,而绝热不变量几乎保持不变。在这种条件下,绝热不变量的值可以很好地示踪带电粒子。

第一绝热不变量与粒子绕磁力线的回旋运动有关,将回旋的动量沿路径积分得到

$$I_1 = \int_0^{2\pi} m v_\perp r_c \mathrm{d}\varphi = 4\pi \frac{m}{|q|} \mu_m \tag{2.47}$$

第一绝热不变量 I_1 与粒子的磁矩 μ_m 成正比。

下面证明磁矩守恒定律。$\dfrac{\mathrm{d}}{\mathrm{d}t}\left(\dfrac{1}{2} m v^2\right) = m \vec{v} \cdot \dfrac{\mathrm{d}\vec{v}}{\mathrm{d}t} = q \vec{v} \cdot (\vec{v} \times \vec{B}) = 0$,即粒子在均匀磁场中运动时,总能量守恒。其中,总能量可以写成平行能量和垂直能量的总和,因此可得 $\dfrac{\mathrm{d}}{\mathrm{d}t}\left(\dfrac{1}{2} m v_\parallel^2 + \dfrac{1}{2} m v_\perp^2\right) = \dfrac{\mathrm{d}}{\mathrm{d}t}\left(\dfrac{1}{2} m v_\parallel^2 + \mu_m B\right) = 0$。

磁镜力 $F_\parallel = m \dfrac{\mathrm{d}v_\parallel}{\mathrm{d}t}$,两侧乘以 $v_\parallel$,且 $v_\parallel = \mathrm{d}z/\mathrm{d}t$,则

$$F_{\parallel}\,v_{\parallel}=mv_{\parallel}\,\frac{\mathrm{d}v_{\parallel}}{\mathrm{d}t}=\frac{\mathrm{d}}{\mathrm{d}t}\left(\frac{1}{2}mv_{\parallel}^{2}\right)$$

又因为

$$F_{\parallel}=-\mu_{\mathrm{m}}\,\frac{\mathrm{d}B}{\mathrm{d}z}$$

所以

$$F_{\parallel}\,v_{\parallel}=-\mu_{\mathrm{m}}\,\frac{\mathrm{d}B}{\mathrm{d}z}\frac{\mathrm{d}z}{\mathrm{d}t}=-\mu_{\mathrm{m}}\,\frac{\mathrm{d}B}{\mathrm{d}t}$$

因此

$$\frac{\mathrm{d}}{\mathrm{d}t}\left(\frac{1}{2}mv_{\parallel}^{2}\right)=-\mu_{\mathrm{m}}\,\frac{\mathrm{d}B}{\mathrm{d}t}$$

综上可得

$$-\mu_{\mathrm{m}}\,\frac{\mathrm{d}B}{\mathrm{d}t}+\frac{\mathrm{d}}{\mathrm{d}t}(\mu_{\mathrm{m}}B)=B\,\frac{\mathrm{d}\mu_{\mathrm{m}}}{\mathrm{d}t}=0 \tag{2.48}$$

磁场的大小显然不为零,因此,我们得出结论,当粒子缓慢沿着磁力线移动时,磁矩守恒,即$\frac{\mathrm{d}\mu_{\mathrm{m}}}{\mathrm{d}t}=0$。因此,在缓慢变化的磁场中,$\mu_{\mathrm{m}}$守恒,不难发现,$I_1$为常数。

第一绝热不变量与粒子的 Betatron 加速有关,当磁场强度随时间增强时,由于磁矩守恒,离子的垂直动能会增加,反之,如果磁场强度减弱,则离子的垂直动能减小。

2.5.4　磁镜点

我们在第 2.5.2 节中推导了磁镜力的数学表达式,磁镜力的方向与磁场的平行梯度方向相反,即磁镜力从磁场强的地方指向磁场弱的方向。也就是说,磁镜力的作用是倾向于阻止粒子进入磁场强的区域。当一个带电粒子沿磁力线向磁场增强的方向移动时(即进入磁场收敛区域),为保证磁矩守恒,其垂直速度将增加,平行速度将减小。粒子平行速度减小为零的点称为磁镜点。在磁镜点处,由于磁镜力 $F_{\parallel}=-\mu_{\mathrm{m}}\mathrm{d}B/\mathrm{d}s$ 方向指向弱磁场方向,因此,粒子将在此掉头,并向弱磁场区域移动。带电粒子沿磁力线运动时,平行速度分量和垂直速度分量不断发生变化,这意味着磁场变化会影响粒子的投掷角 θ(粒子速度方向与磁力线的夹角)。根据磁矩的定义,有

$$\mu_{\mathrm{m}}=\frac{1}{2}\frac{mv_{\perp}^{2}}{B}=\frac{1}{2}mv^{2}\,\frac{\sin^{2}\theta}{B} \tag{2.49}$$

磁矩为常数,可以推得 $\frac{\sin^{2}\theta}{B}$ 为常数。假设粒子在初始位置的磁场强度为 B_0,其初始投掷角为 θ_0。如果粒子向磁场增强的区域移动,则其投掷角 θ 将不断增加,满足 $\sin^{2}\theta = \frac{B}{B_0}\sin^{2}\theta_0$。在磁镜点,粒子投掷角变为 90°,因此,磁镜点的磁场强度为 $B_{\mathrm{m}}=\frac{B_0}{\sin^{2}\theta_0}$。也就是说,磁镜点的位置由粒子的初始投掷角和初始位置的磁场决定。对于初始投掷角较小的粒子,磁镜点处的磁场要足够强才能将粒子弹射回去。这意味着如果磁镜点处的磁场强度较弱,那么初始投掷角很小的粒子的平行速度将无法减为零,因此粒子将无法反弹,而是会越过磁镜点逃逸出去。假设磁镜点的最强磁场强度为 $B_{\max}$,则能被弹

射的粒子的最小初始投掷角为

$$\sin^2\theta_{\min}=\frac{B_0}{B_{\max}} \tag{2.50}$$

所有 $\theta_0<\theta_{\min}$ 的粒子将从磁镜点逃逸出去而被损失掉,这个 $\theta_{\min}$ 角称为损失角。损失角由粒子初始位置的磁场强度和最大磁场强度决定。如果粒子的投掷角大于损失角,粒子就会在地球南北两极两个磁镜点之间来回做弹跳运动,仿佛被一根磁力线捕获。但是如果粒子的初始投掷角小于损失角,则粒子将沿磁力线向下运动,进入到大气层中而损失掉,这一现象称为粒子沉降。两个磁镜点之间的弹跳运动是带电粒子在地磁场中经历的第二种周期运动。

在偶极子场中,将地球赤道处的参数代入 $B_{\mathrm{m}}=\dfrac{B_0}{\sin^2\theta_0}$,可得到赤道处初始投掷角($\theta_0$)和磁镜点磁纬度($\lambda_{\mathrm{m}}$)之间的关系为 $\sin\theta_0=\dfrac{\cos^3\lambda_{\mathrm{m}}}{(1+3\sin^2\lambda_{\mathrm{m}})^{1/4}}$。将 $R_{\mathrm{m}}=L\cos^2\lambda_{\mathrm{m}}$ 代入,可得 $\sin\theta_0=\dfrac{R_{\mathrm{m}}^{3/2}}{L^{5/4}(4L-3R_{\mathrm{m}})^{1/4}}$,其中,$R_{\mathrm{m}}$ 为磁镜点到地心的距离,L 为赤道面粒子的初始位置到地心的距离。从这个关系式可以看出,在近地空间只有投掷角较大的带电粒子,在远场区存在具有各种投掷角的带电粒子。

2.5.5 第二绝热不变量

第二绝热不变量与粒子平行于磁力线的周期性弹跳运动有关,对于这种周期性运动,动量和运动路径分别是 $mv_{\parallel}$ 和 $\mathrm{d}s$,因此可得

$$I_2=\oint mv_{\parallel}\,\mathrm{d}s=2mv\int_1^2\sqrt{1-\frac{B}{B_0}\sin^2\theta_0}\,\mathrm{d}s \tag{2.51}$$

其中,B_0 和 θ_0 分别表示磁赤道平面的磁场强度和粒子的初始投掷角,而 1 和 2 分别代表两个镜像点的位置。在偶极子场中,$\mathrm{d}s=LR_{\mathrm{e}}\cos\lambda\sqrt{1+3\sin^2\lambda}\,\mathrm{d}\lambda$,$B=\dfrac{\mu_0}{4\pi}\dfrac{M}{r^3}\sqrt{1+3\sin^2\lambda}$,代入式(2.51)中,可得到以下表达式:

$$I_2=LR_{\mathrm{e}}\int_{-\lambda_{\mathrm{m}}}^{\lambda_{\mathrm{m}}}\cos\lambda\sqrt{1+3\sin^2\lambda}\sqrt{1-\sin^2\theta_0\frac{\sqrt{1+3\sin^2\lambda}}{\cos^6\lambda}}\,\mathrm{d}\lambda \tag{2.52}$$

这个积分式与磁镜点磁纬度 λ_{m} 有关。镜像点磁纬度 λ_{m} 可以由粒子的初始投掷角求得:

$$\sin^2\theta_0=\frac{B_0}{B_{\mathrm{m}}}=\frac{\cos^6\lambda_{\mathrm{m}}}{\sqrt{1+3\sin^2\lambda_{\mathrm{m}}}}$$

需要指出的是,第二绝热不变量与带电粒子的费米加速过程有关。如果磁场发生变化,导致磁镜点靠近,由第二绝热不变量可知,离子的平行速度将增加;反之则减小。亚暴期间,磁尾发生磁重联,磁尾的磁力线出现偶极化过程,磁力线明显减短,根据第二绝热不变量,粒子的平行速度将会显著增加。同时,磁力线向地运动,磁场强度增加,根据第一绝热不变量,粒子的垂直速度也会增加。

带电粒子沿磁力线的来回弹跳运动使等离子体层形成,地球的等离子体层是由稠

密的(10^4 cm^{-3})冷离子(几电子伏特)构成的,等离子体层中的大部分等离子体来自电离层,主要成分是 H$^+$、He$^+$、和 O$^+$。这些冷离子和地球一起自转,位于内磁层区域,与环电流和辐射带区域部分重合。等离子体层沿磁力线投影到 60° 地磁纬度以下的区域。等离子体层的外边界被称为等离子层顶,其位置随磁层环境的变化而变化,呈现出不对称性。当地磁活动较为平静时,等离子层顶一般位于 $L = 5 \sim 6R_e$ 的区域,甚至可以超出地球同步轨道,即位于 $L > 6R_e$ 的位置。当地磁活动较为活跃时,等离子层顶会被压缩。增强的对流电场会导致向阳侧的等离子体向外移动,背阳侧的等离子体向内移动,从而形成一个尾状结构,称其为等离子体层羽状结构。

2.5.6　梯度漂移

如果磁场在垂直于磁场的平面内存在梯度变化,就会出现引导中心的漂移。例如

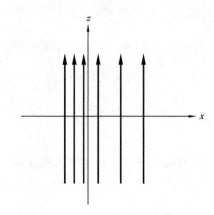

图 2.2　磁力线示意图

远离地球的地方地磁场弱(磁力线稀疏),靠近地球的地方地磁场强(磁力线密集)。假设磁场方向为 z 轴正方向,在垂直于磁场的 x 方向上存在梯度变化,即 $B = B(x)$,如图 2.2 所示。某带电粒子在参考点 r_0 附近运动,其中,$B_0 = (0, 0, B_0)$。在点 r_0 附近,磁场可以展开成泰勒级数,并保留一阶项,可得到

$$\vec{B} = \left(B_0 + x \frac{\partial B_0}{\partial x}\right)\widehat{e}_z = \left(B_0 + \frac{v_\perp \sin\Omega t}{\Omega}\frac{\partial B_0}{\partial x}\right)\widehat{e}_z$$

粒子在参考点 r_0 附近的运动可看作是在恒定磁场 B_0 中的螺旋运动和由于磁场缓慢变化而引起的一阶速度扰动的叠加:$\vec{v} = v_\perp \cos\Omega t\, \widehat{e}_x \mp v_\perp \sin\Omega t\, \widehat{e}_y + v_\parallel \widehat{e}_z + \delta\vec{v}$。其中,$\Omega = qB_0/m$ 是粒子的回转频率,$\mp$ 对应负正电荷。粒子的加速度可表示为

$$\vec{a} = \frac{q}{m}(\vec{v} \times \vec{B}) = \frac{q}{m}(\delta\vec{v} \times \vec{B}_0) - \left[v_\perp \Omega\sin\Omega t + \frac{v_\perp^2}{B_0}\sin^2\Omega t\frac{\partial B_0}{\partial x}\right]\widehat{e}_x$$

$$+ \left[\mp v_\perp \Omega\cos\Omega t \mp \frac{v_\perp^2}{B_0}\sin\Omega t\cos\Omega t\frac{\partial B_0}{\partial x}\right]\widehat{e}_y \tag{2.53}$$

在一个回旋周期内对加速度进行平均,由于 $\langle\delta\vec{v}\rangle = 0$,$\langle\sin\Omega t\rangle = 0$,$\langle\cos\Omega t\rangle = 0$,$\langle\sin\Omega t\cos\Omega t\rangle = 0$,$\langle\sin^2\Omega t\rangle = 1/2$,可得

$$\vec{a} = -\frac{v_\perp^2}{2B_0}\frac{\partial B_0}{\partial x}\widehat{e}_x = -\frac{v_\perp^2}{2B_0}\mathbf{\nabla}B_0 \tag{2.54}$$

这表明磁场的垂直梯度可以形成外力,该力在垂直于磁场的平面内由强磁场指向弱磁场,与电荷的极性无关,类似于重力。将加速度的表达式带入漂移运动速度的公式(2.38),则引导中心的漂移速度为

$$\vec{v}_g = \frac{mv_\perp^2}{2qB_0}\frac{\vec{B}_0 \times \mathbf{\nabla}B_0}{B_0^2} \tag{2.55}$$

从磁场梯度漂移公式可以看出,正负电荷的漂移方向相反,因此会形成电流,这也

是环电流产生的主要机制之一。粒子在对流电场的作用下做向地运动时,由于存在磁场的垂直梯度,粒子从弱磁场区域进入强磁场区域,因此受到背离地球的磁场力的作用。因此,在垂直于磁场和磁场力的方向上,粒子出现西向漂移运动。该漂移运动与粒子的垂直能量有关,粒子能量越高,梯度漂移速度越大。

2.5.7　旋度漂移

磁力线是弯曲的,粒子在其中运动时,会受到向心力的作用。假设平行于磁力线的速度为 $v_\parallel$,则向心力的表达式为 $F_\parallel = \dfrac{m v_\parallel^2}{R_0}$,其中,$R_0$ 为磁场的曲率半径,这个力垂直于磁场,由曲线的中心指向外侧,曲率半径的表达式为 $\dfrac{1}{R_0}\hat{e}_{R_0} = -\dfrac{1}{B_0}\dfrac{\partial B_0}{\partial x}\hat{e}_{R_0} = -\dfrac{\boldsymbol{\nabla} B_0}{B_0}$,则加速度可表示为 $\vec{a}_\parallel = -\dfrac{m v_\parallel^2}{m B_0}\boldsymbol{\nabla} B_0$。

这表明磁场的弯曲导致的外力的方向与磁场的垂直梯度方向相反。结合漂移运动速度公式(2.38),可得到旋度漂移速度为

$$\vec{v}_c = \frac{m v_\parallel^2}{q B_0}\frac{\vec{B}_0 \times \boldsymbol{\nabla} B_0}{B_0^2} \tag{2.56}$$

磁场旋度漂移的方向与电荷极性有关,电子和离子向相反的方向漂移,这是环电流形成的另一个重要因素。磁场的旋度漂移速度和梯度漂移速度的方向相同,在地磁场中,它们共同对粒子的西向漂移作贡献。不同点在于:磁场的梯度漂移与粒子的垂直能量有关,而磁场的旋度漂移与粒子的平行能量有关。需要注意的是,磁场的梯度漂移和旋度漂移对高能粒子更有效,对于低能冷粒子,可以忽略磁场漂移运动。

当赤道平面的高能粒子靠近地球时,由于磁场的梯度方向指向地球,因此在垂直于磁场平面(磁赤道平面)的方向,粒子受到背地方向的磁场梯度力的作用,引起正电荷向西漂移,负电荷向东漂移,形成西向电流,即环电流,如图 2.3 所示。该电流位于距离地球几个地球半径处的位置,向西环绕地球,由具有几百兆能量的高能粒子携带。在环电

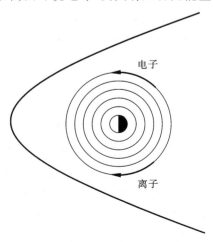

图 2.3　离子和电子在地磁场存在梯度和旋度的情形下的漂移运动示意图

流以内靠近地球的区域,电流产生的磁场的扰动方向与地球的磁场方向相反,因此会引起地磁场的减弱,但在环电流外远离地球的磁层区域,该电流可以增强地磁场。

2.5.8 第三绝热不变量

与粒子的梯度-旋度周期漂移运动对应的不变量为 $I = \oint m v_\varphi \mathrm{d}\vec{l} + q \oint \vec{A} \cdot \mathrm{d}\vec{l}$。下面我们证明式中的第一项远小于第二项。

梯度-旋度漂移速度的表达式为

$$\vec{v}_\varphi = \frac{m(\vec{B}_0 \times \boldsymbol{\nabla} B_0)\left(v_\parallel^2 + \frac{1}{2} v_\perp^2\right)}{q B_0^3} \approx -\frac{\frac{1}{2} m v^2}{B_0 q R} \widehat{e}_\varphi \tag{2.57}$$

则有

$$\oint m v_\varphi \mathrm{d}l = \oint \frac{1}{2} \frac{m^2 v^2}{B_0 q} \mathrm{d}\varphi = \frac{\pi m^2 v^2}{B_0 q} \tag{2.58}$$

磁通量又可写成磁矢势沿闭合路径的积分或磁场强度的面积分,如下式所示:

$$q \oint \vec{A} \cdot \mathrm{d}\vec{l} = q \iint \boldsymbol{\nabla} \times \vec{A} \cdot \mathrm{d}\vec{s} = q \oiint \vec{B} \cdot \mathrm{d}\vec{s} = q\Phi = qB \cdot \pi R^2 \tag{2.59}$$

其中,R 为粒子绕地球纬向漂移环的半径,r_c 为回旋半径,所以漂移动量和磁通量的比值为($B = B_0$)

$$\frac{\oint m v_\varphi \mathrm{d}l}{q \oint \vec{A} \cdot \mathrm{d}\vec{l}} = \frac{m^2 v^2}{B^2 q^2 R^2} = \frac{r_c^2}{R^2} \ll 1 \tag{2.60}$$

对于地球偶极场中的粒子,漂移运动的动量远小于磁通量,因此第三绝热不变量实际上描述了粒子的漂移表面(也称漂移壳)。粒子在做漂移运动时,会出现所谓的漂移壳分裂现象,即投掷角较大的粒子沿着具有固定磁场强度值的磁力线漂移,而投掷角较小的粒子沿着圆形轨道漂移。因此,如果地磁场强度出现角向不均匀分布,不同投掷角的粒子的漂移轨道将出现分裂,导致粒子的投掷角呈各向异性分布。

由第三绝热不变量可预测地球辐射带的存在(过程省略)。一旦高能粒子进入这个内部封闭区域,它就会被地磁场捕获,并被限制在该狭窄区域内。挪威数学家史笃默指出,地磁场能够捕获带电粒子,这实际上预言了范艾伦辐射带的存在。后来辐射带的存在于 20 世纪 50 年代末被美国科学家范艾伦证实。地球辐射带分为两层,形状有点像是分成两半的核桃壳。离地球较近的辐射带称为内辐射带,距地心约 $1.5R_e$,离地球较远的辐射带称为外辐射带,距地心 $3 \sim 4R_e$。内、外辐射带之间存在一个具有较低电子密度的区域,称为槽区。2012 年,通过发射范艾伦探测器,人们发现存在第三个短暂的辐射带(第三辐射带)。辐射带中能量大于 100 keV 的高能电子和质子也被称为杀手电子,能够对飞行器造成损害,严重时会威胁到宇航员的生命安全。近些年,研究发现,磁层中的等离子波动与辐射带电子的相互作用对辐射带的动态变化起到了至关重要的作用。电磁离子回旋波、合声波等波能将高能粒子散射进大气层,此类等离子波动还能够引起辐射带电子的局地、径向加速及绝热扩散。在偶极型磁场中,回旋运动的周期最短,平行于磁力线的弹跳运动的周期稍长,角向漂移运动的周期最长。

思考题

(1)计算电离层 F 层中等离子体的德拜长度,其中,等离子体的密度为 10^{12} m^{-3},温度为 10^3 K。

(2)证明地球磁尾瓣中,等离子体的平均势能低于平均动能。

(3)计算德拜球中的粒子数:电子的平均能量为 10 eV,平均电子密度为 10^5 m^{-3}。推导粒子在均匀磁场中的回旋半径、回旋频率和磁矩。

(4)在地球偶极子场中,计算 L 分别为 $2R_e$、$4R_e$、$6R_e$ 的磁力线与地球表面相交的磁纬度。

(5)请在柱坐标系中推导磁场梯度-旋度漂移速度的表达式。

(6)若电场随时间发生变化,静磁场在空间均匀分布,试推导带电粒子的漂移速度。

3

分子动力学理论

　　等离子体理论包括单粒子轨道理论、磁流体力学理论和分子动力学理论，前两者采用近似方法，后者采用严格的统计方法。当等离子体的空间变化尺度小于电子-离子的回旋半径时，需要考虑等离子体的微观动力学效应。分子动力学理论就是等离子体的微观理论。与气体不同，等离子体包含大量带电粒子，粒子相互之间的作用是长程作用，因此需要建立粒子的分布函数随时间的演化方程，这就是分子动力学理论的出发点。已经建立的不同条件下的等离子体动力学理论方程包括弗拉索夫方程、福克-普朗克方程、朗道方程等。等离子体动力学理论适用于研究等离子体中的弛豫过程和输运过程。等离子体从非平衡的速度分布向热平衡的麦克斯韦分布过渡的过程，可用各种弛豫时间来描述。输运过程则用输运系数描述。等离子体动力学理论也适用于研究等离子体中种类繁多的波和微观不稳定性问题。起源于空间或速度不均匀性等的微观不稳定性是宏观理论无法研究的，只能用分子动力学理论来研究。由分子动力学理论方程还可以推导磁流体力学的连续性方程、动量方程和能量方程。在本章中，我们将介绍分子动力学理论的一些基本概念和方程。

3.1　分布函数与分布方程

3.1.1　相空间分布函数

　　动力学理论研究的是等离子体的速度分布函数随时间和空间的演化过程。通常把用位置和速度描述的空间称为相空间。当粒子的位置和速度随时间发生变化时，粒子就在这个相空间中运动。在这个六维的位置和速度空间，每个粒子可以由矢量坐标表示为$(\vec{r}, \vec{v})$，其中，$\vec{r}$为三维空间位置，$\vec{v}$为三维速度空间位置。当粒子的位置和速度随时间变化时，表示粒子的点在这个六维相空间中运动。

　　我们引入分子（粒子）的速度-空间密度分布函数，即相空间分布函数，定义为在无限小的速度-空间体积元中分子的数量。相空间分布函数$F(\vec{r}, \vec{v})$表征了六维无穷小体

积元素 $\mathrm{d}x\mathrm{d}y\mathrm{d}z\mathrm{d}v_x\mathrm{d}v_y\mathrm{d}v_z$ 中的粒子的数量。如果在特定的相空间位置 $(\vec{r},\vec{v})$ 中,已知分布函数 F,则在 $\vec{r}$ 和 $\vec{r}+\mathrm{d}\vec{r}$ 之间的空间体积元素中具有速度分量在 $\vec{v}$ 和 $\vec{v}+\mathrm{d}\vec{v}$ 之间的分子数 $\mathrm{d}N$ 由下式给出:

$$\mathrm{d}N=F\mathrm{d}x\mathrm{d}y\mathrm{d}z\mathrm{d}v_x\mathrm{d}v_y\mathrm{d}v_z \tag{3.1}$$

相空间分布函数 $F(\vec{r},\vec{v})$ 和传统意义上的分子数密度 $n(\vec{r})$ 密切相关。空间分布函数 $n(\vec{r})$ 描述了小体积元素 $\mathrm{d}x\mathrm{d}y\mathrm{d}z$ 中粒子的数量,与速度无关。这意味着,如果我们将相空间分布函数 $F(\vec{r},\vec{v})$ 对整个速度空间积分,就可以得到分子数密度 $n(\vec{r})$,即

$$n=\iiint_v F\mathrm{d}v_x\mathrm{d}v_y\mathrm{d}v_z \tag{3.2}$$

进一步可以得到归一化的相空间分布函数 $f(\vec{r},\vec{v})$,即

$$f=\frac{F}{n} \tag{3.3}$$

因此,$f(\vec{r},\vec{v})$ 的物理意义为:在空间位置 $\vec{r}$ 点处具有速度 $\vec{v}$ 的粒子的概率。很容易推得,$f(\vec{r},\vec{v})$ 在整个速度空间的积分为 1,即

$$\iiint_v f\mathrm{d}v_x\mathrm{d}v_y\mathrm{d}v_z=1 \tag{3.4}$$

速度分布方程可以将粒子的微观特征和宏观特性联系起来,例如,分子的平均质量 m、平均动量 $m\vec{u}$ 和平均动能 $mu^2/2$(或压强)可通过下列积分关系式得到:

$$m=\iiint_v mf\mathrm{d}v_x\mathrm{d}v_y\mathrm{d}v_z \tag{3.5}$$

$$m\vec{u}=\iiint_v m\vec{v}f\mathrm{d}v_x\mathrm{d}v_y\mathrm{d}v_z$$

$$\frac{1}{2}mu^2=\iiint_v \frac{1}{2}mv^2f\mathrm{d}v_x\mathrm{d}v_y\mathrm{d}v_z$$

因此,只要求得等离子体的概率密度分布函数,就可以得到等离子体的宏观参数。

3.1.2 玻尔兹曼分布方程

相空间分布函数随时间的变化包括两个部分:一部分是由粒子的运动引起的,即由运动方程确定的粒子空间位置和速度的变化;另一部分是由粒子之间的相互作用(碰撞)引起的。

假设单成分大气的相空间分布函数为 $F(t,\vec{r},\vec{v})$,在时间 t,空间位置 $\vec{r}$ 处,$\mathrm{d}x\mathrm{d}y\mathrm{d}z$ 体积元内的速度矢量在 $\vec{v}$ 和 $\vec{v}+\mathrm{d}\vec{v}$ 内的分子数为 $\mathrm{d}N=F(t,\vec{r},\vec{v})\mathrm{d}x\mathrm{d}y\mathrm{d}z\mathrm{d}v_x\mathrm{d}v_y\mathrm{d}v_z$。在 $\mathrm{d}t$ 时间后,在空间位置 $\vec{r'}=\vec{r}+\vec{v}\mathrm{d}t$ 附近的 $\mathrm{d}x'\mathrm{d}y'\mathrm{d}z'$ 体积元内,速度在 $\vec{v}+\vec{a}(t,\vec{r},\vec{v})\mathrm{d}t$ 和 $\vec{v'}+\mathrm{d}\vec{v'}$ 之间的粒子数由下式给出:

$$\mathrm{d}N'=F(t+\mathrm{d}t,\vec{r}+\vec{v}\mathrm{d}t,\vec{v}+\vec{a}\mathrm{d}t)\mathrm{d}x'\mathrm{d}y'\mathrm{d}z'\mathrm{d}v'_x\mathrm{d}v'_y\mathrm{d}v'_z \tag{3.6}$$

如果没有碰撞,则在初始时间 t,位于相空间体积元 $\mathrm{d}x\mathrm{d}y\mathrm{d}z\mathrm{d}v_x\mathrm{d}v_y\mathrm{d}v_z$ 内的所有粒子都将出现在 $t+\mathrm{d}t$ 时刻的相空间体积元 $\mathrm{d}x'\mathrm{d}y'\mathrm{d}z'\mathrm{d}v'_x\mathrm{d}v'_y\mathrm{d}v'_z$ 内,即 $\mathrm{d}N'-\mathrm{d}N=0$。如果碰撞过程改变了粒子的数目,那么在时间间隔 $\mathrm{d}t$ 内,碰撞会导致相体积元内粒子

数发生改变：$dN'-dN=dN_c$，其中，dN_c 表示相空间体积元中由于碰撞而产生的粒子数量的变化率（单位时间的变化）。将相空间分布函数代入，且令 $dxdydzdv_xdv_ydv_z=dx'dy'dz'dv'_xdv'_ydv'_z$，可以得到

$$[F(t+dt,\vec{r}+\vec{v}dt,\vec{v}+\vec{a}dt)-F(t,\vec{r},\vec{v})]dxdydzdv_xdv_ydv_z$$

$$=\frac{\delta F(t,\vec{r},\vec{v})}{\delta t}dx'dy'dz'dv'_xdv'_ydv'_z \tag{3.7}$$

其中，$\delta F/\delta t$ 是由碰撞导致的相空间分布函数的变化率。

我们把式（3.7）左侧对 dt 作泰勒展开，保留到一级小量，可得到动力学方程：

$$\left[\frac{\partial F}{\partial t}+\left(\frac{d\vec{r}}{dt}\cdot\nabla\right)F+\left(\frac{d\vec{v}}{dt}\cdot\nabla_v\right)F\right]dxdydzdv_xdv_ydv_zdt=\frac{\delta F}{\delta t}dxdydzdv_xdv_ydv_zdt$$

$$\left[\frac{\partial F}{\partial t}+(\vec{v}\cdot\nabla)F+(\vec{a}\cdot\nabla_v)F\right]dxdydzdv_xdv_ydv_zdt=\frac{\delta F}{\delta t}dxdydzdv_xdv_ydv_zdt \tag{3.8}$$

其中，$\left[\frac{\partial F}{\partial t}+\left(\frac{d\vec{r}}{dt}\cdot\nabla\right)F+\left(\frac{d\vec{v}}{dt}\cdot\nabla_v\right)F\right]$ 表达的是相空间分布函数的总时间导数 dF/dt，在分子动力学理论中，通常假定分子的加速度 $\vec{a}(t,\vec{r},\vec{v})$ 在速度空间中是无散的：

$$\nabla_v\cdot\vec{a}=0 \tag{3.9}$$

大多数外力场满足这一条件（如重力和洛伦兹力等，均满足这一条件）。

由于式（3.8）对任意相空间体积元素和任意时间间隔成立，可得到以下方程：

$$\frac{\partial F}{\partial t}+(\vec{v}\cdot\nabla)F+(\vec{a}\cdot\nabla_v)F=\frac{\delta F}{\delta t} \tag{3.10}$$

或

$$\frac{\partial f}{\partial t}+(\vec{v}\cdot\nabla)f+(\vec{a}\cdot\nabla_v)f=\frac{\delta f}{\delta t} \tag{3.11}$$

这就是粒子的玻尔兹曼分布方程，它描述了相空间分布函数 $F(t,\vec{r},\vec{v})$ 或概率密度分布函数 $f(t,\vec{r},\vec{v})$ 的演化。加速度来自外场和等离子体内部的自洽场的共同作用，如果外力是电磁力，则有

$$m\vec{a}=q\vec{E}+q\vec{v}\times\vec{B} \tag{3.12}$$

将其代入玻尔兹曼方程，忽略碰撞项，可得到 Vlasov 方程，电磁场可以用 Maxwell 方程表示，Vlasov 方程和 Maxwell 方程可构成一组自洽的方程组。此方程适用于讨论特征时间远小于碰撞时间或特征长度远小于平均自由程的情况，因为在这种情况下，碰撞效应完全可以忽略。讨论等离子体波、微观不稳定性等问题时，常从这个方程出发求解。

玻尔兹曼方程也可以用随机速度（有时也称为本动速度或热速度）来表示。粒子的随机速度是其相对于时间 t 和位置 $\vec{r}$ 处的气体的平均速度的偏差：$\vec{c}=\vec{v}-\vec{u}$，这里，平均速度 $\vec{u}$ 是时间和空间位置的函数，定义如下：

$$\vec{u}=\frac{\iiint\vec{v}Fdv_xdv_ydv_z}{\iiint Fdv_xdv_ydv_z} \tag{3.13}$$

当用随机速度 $\vec{c}$ 替换自变量 $\vec{v}$ 时，需要注意，随机速度 $\vec{c}$ 与 t 和 $\vec{r}$ 变量有关，经过系列

运算,可以得到玻尔兹曼方程:

$$\frac{\partial F}{\partial t}+(\vec{c}\cdot\nabla)F+(\vec{u}\cdot\nabla)F-\left[\frac{\partial\vec{u}}{\partial t}+(\vec{u}\cdot\nabla)\vec{u}+(\vec{c}\cdot\nabla)\vec{u}-\vec{a}\right]\nabla_c F=\frac{\delta F}{\delta t} \quad (3.14)$$

或

$$\frac{\partial f}{\partial t}+(\vec{c}\cdot\nabla)f+(\vec{u}\cdot\nabla)f-\left[\frac{\partial\vec{u}}{\partial t}+(\vec{u}\cdot\nabla)\vec{u}+(\vec{c}\cdot\nabla)\vec{u}-\vec{a}\right]\nabla_c f=\frac{\delta f}{\delta t} \quad (3.15)$$

可以视研究的具体问题来选取玻尔兹曼方程的两种形式(式(3.10)和式(3.14))之一,从而来求解粒子的相空间分布。奥地利物理学家玻尔兹曼是热力学和统计物理学的奠基人之一,他最伟大的成就是发展了通过原子的特性来解释和预测物质的宏观物理性质的统计力学。玻尔兹曼推广了麦克斯韦的分子动力学理论,得到了玻尔兹曼-麦克斯韦分布定律。

3.1.3 平衡态气体的分布函数

气体分子会做无规则的热运动,由于碰撞,每个分子的速率都在改变,在某个时刻,分子的速率存在偶然性。但是总体而言,分子的速率分布遵守统计学规律,即气体速率分布律。麦克斯韦速率分布函数表示为$F_M=4\pi n v^2\left(\frac{m}{2\pi k_B T}\right)^{\frac{3}{2}}e^{-\frac{mv^2}{2k_B T}}$,其中,$4\pi v^2$是速率体积元的系数;$\left(\frac{m}{2\pi k_B T}\right)^{\frac{3}{2}}$是归一化因子;$e^{-\frac{mv^2}{2k_B T}}$表示分子热运动速率取值的不等几率。速率衰减的快慢与动能和热能之比有关,对于大速率的分子,其分布函数较小。

可以通过麦克斯韦速率分布函数计算得到最可几速率(与分布函数最大值对应的速率)为$\frac{dF_M}{dt}=0$,即

$$v_m=\sqrt{\frac{2k_B T}{m}} \quad (3.16)$$

v_m随温度的升高而增大,随m的增大而减小。

通过麦克斯韦速率分布函数可以计算平均速率:

$$\bar{v}=\frac{1}{N}\int v F_M dv=\sqrt{\frac{8k_B T}{\pi m}} \quad (3.17)$$

均方根速率可定义为

$$\sqrt{\overline{v^2}}=\sqrt{\frac{1}{N}\int v^2 F_M dv}=\sqrt{\frac{3k_B T}{m}} \quad (3.18)$$

这三种速率有不同的应用,在讨论速率分布时,通常会用到最可几速率;在计算分子运动的平均距离时,要用到平均速率;在计算分子的平均动能时,要用到均方根速率。

玻尔兹曼将麦克斯韦速度分布函数推广到了六维速度-位置空间,得到了处于平衡态的理想气体满足的玻尔兹曼-麦克斯韦分布函数:

$$F_0=n\left(\frac{m}{2\pi k_B T}\right)^{\frac{3}{2}}e^{-\frac{m(\vec{v}-\vec{u})^2}{2k_B T}} \quad (3.19)$$

其中,n是气体的数密度,m是粒子质量,$\vec{u}$是气体的平均速度。这就是平衡态气体的

玻尔兹曼-麦克斯韦分布方程。对于理想大气,在任意位置处,合外力为零,温度相同,玻尔兹曼方程右侧的碰撞项为零。在这种情形下,玻尔兹曼方程只有一个平衡解,即所谓的玻尔兹曼-麦克斯韦分布。这是一个非常重要的结论,即在平衡状态下,分子速度总满足玻尔兹曼-麦克斯韦分布;平衡速度分布和玻尔兹曼-麦克斯韦速度分布之间存在一一对应的关系;当且仅当该分布是玻尔兹曼-麦克斯韦分布时,气体才处于平衡状态。

借助玻尔兹曼-麦克斯韦分布,可以计算出平衡态气体的各阶速度矩,例如下面几个例子:

$$\rho_{\mathrm{m}} = \iiint m F_0 \mathrm{d}v_x \mathrm{d}v_y \mathrm{d}v_z \tag{3.20}$$

$$\rho_{\mathrm{m}} \vec{u} = \iiint m \vec{v} F_0 \mathrm{d}v_x \mathrm{d}v_y \mathrm{d}v_z$$

$$\rho_{\mathrm{m}} \sqrt{\frac{8 k_{\mathrm{B}} T}{\pi m}} = \iiint m \mid \vec{v} - \vec{u} \mid F_0 \mathrm{d}v_x \mathrm{d}v_y \mathrm{d}v_z$$

$$\frac{1}{2} \rho_{\mathrm{m}} u^2 + \frac{3}{2} p = \iiint \frac{1}{2} m v^2 F_0 \mathrm{d}v_x \mathrm{d}v_y \mathrm{d}v_z$$

其中,ρ_{m} 是质量密度,$\vec{u}$为平均速度,$\sqrt{\frac{8 k_{\mathrm{B}} T}{\pi m}}$是气体中的平均随机分子速度(速度大小的平均值),$p$ 为压强。

下面介绍另外两种麦克斯韦分布函数。考虑磁场导致的等离子体的各向异性(在平行于和垂直于磁场方向处,等离子体受到的磁场约束力并不相同),可得到双麦克斯韦分布函数为

$$F(v_\perp, v_\parallel) = \frac{n}{T_\perp T_\parallel^{1/2}} \left(\frac{m_{\mathrm{s}}}{2\pi k_{\mathrm{B}}}\right)^{3/2} \exp\left(-\frac{m_{\mathrm{s}} v_\perp^2}{2 k_{\mathrm{B}} T_\perp} - \frac{m_{\mathrm{s}} v_\parallel^2}{2 k_{\mathrm{B}} T_\parallel}\right) \tag{3.21}$$

漂移麦克斯韦分布函数为

$$F(v_\perp, v_\parallel) = \frac{n}{T^{3/2}} \left(\frac{m_{\mathrm{s}}}{2\pi k_{\mathrm{B}}}\right)^{3/2} \exp\left(-\frac{m_{\mathrm{s}} (v_\perp - u)^2 + m_{\mathrm{s}} v_\parallel^2}{2 k_{\mathrm{B}} T}\right) \tag{3.22}$$

此时粒子的运动速度是由平均速度和热运动速度叠加而成的。

3.2　能量均分的概念

能量均分定理:在温度为 T 的平衡态下,物质分子的每一个自由度都具有相同的平均动能 $kT/2$。需要注意的是,只有分子处于平衡态时才能应用能量均分定理,这是热运动的统计规律。气体从非平衡态转换到平衡态的过程是通过分子之间频繁的碰撞来实现的。在某个自由度上动能较大的分子与另一个动能较小的分子发生弹性碰撞时,动能就会从动能大的分子上转移到动能小的分子上,即从一个自由度转移到另一个自由度。气体中的分子在频繁的碰撞过程中发生不同自由度之间的能量转移,最终实现能量均分。

3.3　碰撞的基本概念

分子之间的碰撞将导致相空间分布函数发生变化,在讨论玻尔兹曼方程的碰撞项之前,我们先介绍几个与碰撞相关的物理量,主要包括平均自由程和碰撞频率等。接着介绍玻尔兹曼方程的几种碰撞项,实际上,用动力学方程求解输运问题时,无论用哪个碰撞项都可以,只不过对于不同问题选择不同的碰撞项形式会更有利于分析。

3.3.1　平均自由程

自由程是一个分子与其他分子连续发生两次碰撞之间经过的直线路程。对于大量分子而言,自由程具有统计规律。大量分子自由程的平均值称为平均自由程。考虑速度为 $\vec{v}$ 的单个分子,假设 $P(s)$ 为某个分子经过一次碰撞后运动距离 s 没有发生第二次碰撞的概率,则显然 $P(0)=1$。定义 αds 为该分子在距离 s 和 $s+ds$ 之间发生碰撞的概率,这里 α 是单个粒子运动单位距离发生碰撞的概率(也称为碰撞概率密度),则分子在距离 $s+ds$ 中不发生碰撞的概率等于其在从 0 到 s 和从 s 到 $s+ds$ 的后续间隔中没有发生碰撞的概率的乘积,即: $P(s+ds)=P(s)(1-\alpha ds)$,对 ds 进行泰勒级数展开,并只保留一阶线性项,可得到微分方程: $\dfrac{dP}{ds}=-\alpha P(s)$,初始条件为 $P(0)=1$,该微分方程的解为

$$P(s)=e^{-\alpha s} \tag{3.23}$$

式(3.23)给出了在距离间隔 s 上没有发生碰撞的概率。那么分子在 s 到 $s+ds$ 距离内经历第一次碰撞的概率为 0 到 s 之间无碰撞的概率和 s 到 $s+ds$ 之间发生了碰撞的概率的乘积,即

$$f(s)ds=e^{-\alpha s}\alpha ds \tag{3.24}$$

分子在连续两次碰撞之间移动的平均距离,即平均自由程 λ 为

$$\lambda=\int_0^\infty ds s f(s)=\int_0^\infty ds \alpha s e^{-\alpha s}=\frac{1}{\alpha} \tag{3.25}$$

分子在 s 到 $s+ds$ 距离内经历第一次碰撞的概率为 $f(s)=\dfrac{1}{\lambda}\exp\left(-\dfrac{s}{\lambda}\right)$。平均自由程与分子的碰撞频率成反比,气体区域平衡态的形成需要借助频繁的碰撞。气体能量、动量和质量的输运也需要借助碰撞,所以平均自由程是决定系统微观过程的十分重要的特征量。

3.3.2　碰撞频率

分子间的碰撞可用散射截面 σ 来描述, σ 是用于描述两个分子之间碰撞概率的物理量,其几何意义是:当两个分子碰撞时,碰撞概率正比于沿运动方向来看另一个分子的等效几何界面。单位时间内某个分子平均碰撞的次数称为分子的平均碰撞频率。任取一个分子 A 作为代表,计算其单位时间的碰撞次数,用 n 表示分子的平均数密度(即单

位体积的平均分子数），其他分子相对于分子 A 的平均相对速度用 $\bar{g}$ 表示，分子 A 的碰撞横截面（散射截面）为 σ。$t=0$ 时，那些在时间 dt 内与分子 A 碰撞的分子的中心位于长度为 $\bar{g}dt$ 且体积为 $\sigma\bar{g}dt$ 的圆柱体内。分子 A 在时间 dt 内的碰撞次数是撞击圆柱体的体积与撞击分子的平均密度的乘积 $n\sigma\bar{g}dt$。碰撞频率 υ 定义为单位时间内单个分子的碰撞次数，即

$$\upsilon = n\sigma\bar{g} \tag{3.26}$$

3.4 碰撞类型

分子之间的碰撞类型可以分为两种，本节简单介绍导致相空间分布函数发生变化的两种不同种类的碰撞过程。

（1）近碰撞：由粒子之间的短程相互作用引起的大角度碰撞（散射角超过 $90°$，BGK 方程）。

（2）远碰撞：由带电粒子之间的长程相互作用或波-粒相互作用引起的小角度碰撞（散射角小于 $90°$，福克-普朗克方程）。

由以上可知，多次远碰撞才抵得上一次近碰撞。

3.4.1 BGK 方程

玻尔兹曼碰撞项通常有几种简化的近似形式。最简单、应用最广泛的是碰撞时间近似（有时也称为 Bhatnagar-Gross-Krook，即 BGK）。通常假定系统从初始的非平衡态经过时间 τ_{BGK} 趋向相空间平衡态分布，BGK 碰撞项可表示为

$$\frac{\delta F}{\delta t} = -\frac{F - F_0}{\tau_{BGK}} \tag{3.27}$$

因此，玻尔兹曼方程为

$$\frac{\partial F}{\partial t} + \vec{v}\cdot\frac{\partial F}{\partial r} + \vec{a}\cdot\frac{\partial F}{\partial v} = -\frac{F - F_0}{\tau_{BGK}} \tag{3.28}$$

其中，F_0 为玻尔兹曼-麦克斯韦平衡分布函数。假设系统偏离平衡态不大，则分布函数可以写成线性化形式：$F = F_0 + F_1$，其中，F_0 为平衡态速度分布函数，F_1 为偏离平衡态的小量，F_0 满足平衡态动力学方程 $\frac{\partial F_0}{\partial t} + \vec{v}\cdot\frac{\partial F_0}{\partial r} + \vec{a}\cdot\frac{\partial F_0}{\partial v} = 0$，因此，$F_1$ 满足的动力学方程为

$$\frac{\partial F_1}{\partial t} + \vec{v}\cdot\frac{\partial F_0}{\partial r} + \vec{a}\cdot\frac{\partial F_0}{\partial v} = -\frac{F_1}{\tau_{BGK}} \tag{3.29}$$

其中，F_1 表示偏离平衡态 F_0 的分布函数。对于静态情况，$\frac{\partial F_1}{\partial t} = 0$。则方程的解为

$$F_1 = -\tau_{BGK}\left[\vec{v}\cdot\frac{\partial F_0}{\partial r} + \vec{a}\cdot\frac{\partial F_0}{\partial v}\right] \tag{3.30}$$

式（3.30）中的 F_0 已知，为玻尔兹曼-麦克斯韦平衡分布函数。各种输运流的表达式如下。

粒子流：

$$\int \vec{v} F_1 \mathrm{d}\vec{v}$$

电流：

$$\vec{J} = e \int \vec{v} F_1 \mathrm{d}\vec{v}$$

热流：

$$Q = \frac{1}{2} m \int c^2 \vec{c} F_1 \mathrm{d}\vec{c}$$

粘滞张量：

$$\tau = m \int c_i c_j F_1 \mathrm{d}\vec{c}$$

在动力学理论中，通常认为单个分子的物理尺寸远小于平均自由程。因此，气体混合物的分布函数可写成以下形式：$F = \sum_s F_s$，其中，F_s 表示 s 类粒子的分布函数。

3.4.2　福克-普朗克方程

粒子在每次碰撞中只偏转无穷小角度，它的大角度偏转大部分是由小角度偏转积累造成的，这种碰撞的累积效应必须用类似处理布朗粒子运动的统计方法来处理。用这种方法处理得到的碰撞项为微分形式的，由此得到的动力学方程称为福克-普朗克方程。对于任何相互作用长度远小于发生显著变化的长度，碰撞持续时间远小于发生显著变化的时间的物理过程都可以用福克-普朗克近似方法来处理。

考虑一种气体，库仑碰撞或波粒相互作用只使粒子速度矢量发生微小的变化，引入转移概率函数 $T_p(\vec{v}-\vec{w}, \vec{w}, \Delta t)$，表示速度为 $\vec{v}$ 的粒子由于碰撞在时间 Δt 内速度增量为 $\vec{w}$ 的概率。这里假设 $\vec{w}$ 与时间无关，即与粒子过去的历史无关。则粒子的分布函数为

$$f(t, \vec{r}, \vec{v}) = \frac{F}{n} = \iiint_\infty T_p(\vec{v}-\vec{w}, \vec{w}, \Delta t) f(t-\Delta t, \vec{r}, \vec{v}-\vec{w}) \mathrm{d}w_x \mathrm{d}w_y \mathrm{d}w_z \quad (3.31)$$

将积分项围绕小量 Δt 和 $\vec{w}$ 进行泰勒展开，得到以下结果：

$$T_p(\vec{v}-\vec{w}, \vec{w}, \Delta t) f(t-\Delta t, \vec{r}, \vec{v}-\vec{w})$$

$$= T_p(\vec{v}, \vec{w}, \Delta t) f(t, \vec{r}, \vec{v}) - \Delta t T_p(\vec{v}, \vec{w}, \Delta t) \frac{\mathrm{d}f(t, \vec{r}, \vec{v})}{\mathrm{d}t}$$

$$- w_i \frac{\partial [T_p(\vec{v}, \vec{w}, \Delta t) f(t, \vec{r}, \vec{v})]}{\partial v_i} + \frac{1}{2} w_i w_j \frac{\partial^2 [T(\vec{v}, \vec{w}, \Delta t) f(t, \vec{r}, \vec{v})]}{\partial^2 v_i v_j} + \cdots$$

$$\quad (3.32)$$

在福克-普朗克近似中，Δt 保留一阶精度，$\vec{w}$ 保留二次项。$\vec{w}$ 是许多小的随机变化的结果，这些变化积累起来可能会使更大的值出现。

结合积分式（3.31）可以得到

$$\frac{\mathrm{d}f}{\mathrm{d}t} = -\frac{\partial}{\partial v_i}\left[\left\langle \frac{\Delta v_i}{\Delta t} \right\rangle f\right] + \frac{1}{2} \frac{\partial^2}{\partial v_i \partial v_j}\left[\left\langle \frac{\Delta v_i \Delta v_j}{\Delta t} \right\rangle f\right] \quad (3.33)$$

其中，

$$\left\langle \frac{\Delta v_i}{\Delta t} \right\rangle = \frac{1}{\Delta t} \iiint_\infty T_p(v, w, \Delta t) w_i \mathrm{d}^3 w \tag{3.34}$$

$$\left\langle \frac{\Delta v_i \Delta v_j}{\Delta t} \right\rangle = \frac{1}{\Delta t} \iiint_\infty T_p(v, w, \Delta t) w_i w_j \mathrm{d}^3 w$$

这就是福克-普朗克碰撞项,将其代入动力学方程后就是福克-普朗克方程。在福克-普朗克碰撞项中,第一项为动摩擦项,表示碰撞引起的速度慢变化;第二项为扩散系数项,表示碰撞把单一速度的粒子在速度空间扩展开来。求解福克-普朗克方程时,需要确定摩擦系数和扩散系数,也就是说需要计算适合等离子体的转移概率的表达式。福克-普朗克碰撞项是微分算子,福克-普朗克方程为微分方程,其比玻尔兹曼微分/积分方程更容易求解。

3.4.3　朗道方程

科学家朗道从玻尔兹曼方程出发,基于碰撞由库仑相互作用引起,且碰撞粒子前后只有小角度改变的前提下,导出了朗道方程。朗道取库仑势的散射微分截面,对玻尔兹曼方程碰撞积分作小的 Δv 展开,保留到二阶小量项,可得(具体过程省略)

$$f_\alpha(v_\alpha') = f_\alpha(v_\alpha + \Delta v_\alpha)$$

$$= f_\alpha(v_\alpha) + \Delta v_\alpha \cdot \frac{\partial f_\alpha}{\partial v_\alpha} + \frac{1}{2} \Delta v_\alpha \Delta v_\alpha : \frac{\partial^2 f_\alpha}{\partial v_\alpha \partial v_\alpha} \left[f_\alpha(v_\alpha') f_\beta(v_\beta') - f_\alpha(v_\alpha) f_\beta(v_\beta) \right]$$

$$\tag{3.35}$$

其中,$\Delta v_\alpha = \mu \Delta u / m_\alpha$,则朗道碰撞项为

$$\left(\frac{\partial f_\alpha}{\partial t} \right)_c = \frac{\Gamma_\alpha}{2} \sum_\beta \left(\frac{q_\beta}{q_\alpha} \right)^2 m_\alpha \frac{\partial}{\partial v_\alpha} \cdot \int \frac{\partial^2 |v_\alpha - v_\beta|}{\partial v_\alpha \partial v_\alpha}$$

$$\cdot \left[\frac{f_\beta(v_\beta)}{m_\alpha} \frac{\partial f_\alpha(v_\alpha)}{\partial v_\alpha} - \frac{f_\alpha(v_\alpha)}{m_\beta} \frac{\partial f_\beta(v_\beta)}{\partial v_\beta} \right] \mathrm{d} v_\beta \tag{3.36}$$

其中,$\Gamma_\alpha = \dfrac{q_\alpha^4}{4\pi\varepsilon_0^2 m_\alpha^2} \ln\Lambda$。

由于 $\dfrac{\partial^2}{\partial v_\alpha \partial v_\alpha} |v_\alpha - v_\beta| = \dfrac{u^2 \vec{I} - uu}{u^3} = \vec{U}$,$u = u_\alpha - u_\beta$,朗道碰撞项又可以写为

$$\left(\frac{\partial f_\alpha}{\partial t} \right)_c = -\frac{\partial}{\partial v_\alpha} \cdot J(v_\alpha)$$

其中,

$$J(v_\alpha) = \sum_\beta \frac{(q_\alpha q_\beta)^2 \ln\Lambda}{8\pi\varepsilon_0^2 m_\alpha} \int \left\{ \frac{f_\alpha(v_\alpha)}{m_\beta} \frac{\partial f_\beta(v_\beta)}{\partial v_\beta} - \frac{f_\beta(v_\beta)}{m_\alpha} \frac{\partial f_\alpha(v_\alpha)}{\partial v_\alpha} \right\} \cdot \vec{U} \mathrm{d} v_\beta \tag{3.37}$$

$$\vec{U} = \frac{u^2 \vec{I} - uu}{u^3}$$

应用朗道碰撞项的动力学方程称为朗道方程,这是最早导出的适用于库仑长程作用条件的二体碰撞项方程。

思考题

(1) 请阐述分子动力学理论和单粒子轨道运动理论的相似点和不同点。

（2）请简述碰撞在分子动力学理论中的作用。

（3）定量推导相空间分布函数与宏观的物理量之间的关系。

（4）假设气体没有整体流（$\vec{u}=0$），没有空间梯度（$\mathbf{\nabla}F=0$），也没有外力场（$\vec{a}=0$），忽略运动摩擦力，试利用福克-普朗克方程求分布函数。

（5）设两部分气体质量相同，但由不同分子组成（例如 CO 和 N_2，$m_1=m_2=m$），假设无外力作用（$\vec{a}=0$），气体没有整体运动（$\vec{u}_1=\vec{u}_2=0$）且接近平衡态分布（初始温度分别为 T_{1i} 和 T_{2i}），试利用 BGK 方程求分布函数。

4

磁流体动力学理论

  单粒子轨道理论只适用于稀薄的气体,因为该理论忽略了带电粒子之间的相互电磁作用力,我们必须解一个自洽问题,找出一组粒子轨道和电磁场,使得粒子运动时产生电磁场,而电磁场又使得粒子运动,且必须考虑时间的变化。由大量带电粒子组成的体系中存在库仑力,必须用统计学(分子运动论)方法研究。虽然玻尔兹曼的解给出了相空间分布函数的完整描述,但是在大多数情况下,几乎不可能求解完整的玻尔兹曼方程,人们不得不求助于各种近似方法来表征气体的宏观量的时空演化。如果等离子体密度足够大,粒子之间碰撞频繁,可以近似把它当成导电流体来处理,这种近似处理方法适用于随时间缓慢变化的等离子体,即等离子体的特征长度和特征时间远大于平均自由程和碰撞时间,此时等离子体可以看作处于局部热平衡状态,这样就可以从玻尔兹曼方程中获取宏观分子的输运方程,因此可以用流体力学宏观参量(密度、速度、压强、温度等)来描述等离子体流体的宏观运动特性。

4.1　流体力学方程

  等离子体的数密度、平均流速、动压等宏观变量与分子的相空间分布函数 F 的速度矩积分有关,例如数密度为分布函数在整个速度空间的积分,平均速度为分布函数与速度的乘积在速度空间的积分,即

$$n = \iiint F \mathrm{d}v_x \mathrm{d}v_y \mathrm{d}v_z \tag{4.1}$$

$$\vec{u} = \frac{1}{n} \iiint \vec{v} F \mathrm{d}v_x \mathrm{d}v_y \mathrm{d}v_z$$

还可以引入随机速度向量 $\vec{c}$:

$$\vec{c} = \vec{v} - \vec{u} \tag{4.2}$$

根据随机速度的定义,分布函数的随机速度的一阶矩积分为零:

$$\iiint F \vec{c} \, \mathrm{d}c_x \mathrm{d}c_y \mathrm{d}c_z = 0$$

分布函数的随机速度的二阶矩积分为压强张量：

$$P_{ij} = m \iiint c_i c_j F \mathrm{d}c_x \mathrm{d}c_y \mathrm{d}c_z$$

标量压强为

$$p = m \iiint c^2 F \mathrm{d}c_x \mathrm{d}c_y \mathrm{d}c_z \tag{4.3}$$

由于 $p = nkT$，因此温度可以表示为

$$T = \frac{m}{nk} \iiint c^2 F \mathrm{d}c_x \mathrm{d}c_y \mathrm{d}c_z \tag{4.4}$$

相空间分布函数的三阶速度矩描述了由分子的热运动引起的能量的流动，即描述了气体中的热传导过程：

$$\vec{h} = \iiint \frac{1}{2} m c^2 \vec{c} F \mathrm{d}c_x \mathrm{d}c_y \mathrm{d}c_z \tag{4.5}$$

相空间分布函数 F 满足的玻尔兹曼方程为

$$\frac{\partial F}{\partial t} + (\vec{v} \cdot \mathbf{\nabla}) F + \vec{a} \cdot \mathbf{\nabla}_v F = \frac{\delta F}{\delta t} \tag{4.6}$$

对上述方程对整个速度空间积分（求零阶矩）：

$$\iiint \frac{\partial F}{\partial t} \mathrm{d}v_x \mathrm{d}v_y \mathrm{d}v_z + \iiint (\vec{v} \cdot \mathbf{\nabla}) F \mathrm{d}v_x \mathrm{d}v_y \mathrm{d}v_z + \iiint \vec{a} \cdot \mathbf{\nabla}_v F \mathrm{d}v_x \mathrm{d}v_y \mathrm{d}v_z$$

$$= \iiint \frac{\delta F}{\delta t} \mathrm{d}v_x \mathrm{d}v_y \mathrm{d}v_z \tag{4.7}$$

上式第一项为

$$\iiint \frac{\partial F}{\partial t} \mathrm{d}v_x \mathrm{d}v_y \mathrm{d}v_z = \frac{\partial}{\partial t} \iiint F \mathrm{d}v_x \mathrm{d}v_y \mathrm{d}v_z = \frac{\partial n}{\partial t} \tag{4.8}$$

其中，n 为平均数密度。

第二项为

$$\iiint (\vec{v} \cdot \mathbf{\nabla}) F \mathrm{d}v_x \mathrm{d}v_y \mathrm{d}v_z = \mathbf{\nabla} \cdot \iiint \vec{v} F \mathrm{d}v_x \mathrm{d}v_y \mathrm{d}v_z = \mathbf{\nabla} \cdot (n \vec{u}) \tag{4.9}$$

其中，$\vec{u}$ 为平均速度。

第三项为

$$\iiint \vec{a} \cdot \mathbf{\nabla}_v F \mathrm{d}v_x \mathrm{d}v_y \mathrm{d}v_z = \iiint \mathbf{\nabla}_v \cdot (\vec{a} F) \mathrm{d}v_x \mathrm{d}v_y \mathrm{d}v_z$$

$$= \int_s (\vec{a} F) \cdot \mathrm{d}\vec{s} = 0 \tag{4.10}$$

式（4.10）中用到了高斯定理，将体积分化为了面积分，假设 s 为速度的无穷边界，F 衰减为 0。

最后，式（4.7）右侧为零（因为碰撞不会导致数密度变化，物质不因碰撞而产生或消失）：

$$\iiint \frac{\delta F}{\delta t} \mathrm{d}v_x \mathrm{d}v_y \mathrm{d}v_z = \frac{\delta n}{\delta t} = 0$$

因此，可以得到以下方程：

$$\frac{\partial n}{\partial t} + \mathbf{\nabla} \cdot (n\vec{u}) = 0$$

$$\frac{\partial \rho}{\partial t} + \mathbf{\nabla} \cdot (\rho\vec{u}) = 0 \qquad (4.11)$$

$$\frac{\partial \rho}{\partial t} + \mathbf{\nabla} \cdot \vec{J} = 0$$

此为粒子数密度、电荷和电流的连续性方程。

把玻尔兹曼方程(4.6)对整个速度空间求一阶矩,可得

$$m\iiint \vec{v}\frac{\partial F}{\partial t}\mathrm{d}v_x\mathrm{d}v_y\mathrm{d}v_z + m\iiint \vec{v}(\vec{v}\cdot\mathbf{\nabla})F\mathrm{d}v_x\mathrm{d}v_y\mathrm{d}v_z + m\iiint \vec{v}(\vec{a}\cdot\mathbf{\nabla}_vF)\mathrm{d}v_x\mathrm{d}v_y\mathrm{d}v_z$$

$$= m\iiint \vec{v}\frac{\delta F}{\delta t}\mathrm{d}v_x\mathrm{d}v_y\mathrm{d}v_z \qquad (4.12)$$

上式第一项为

$$m\iiint \vec{v}\frac{\partial F}{\partial t}\mathrm{d}v_x\mathrm{d}v_y\mathrm{d}v_z = \frac{\partial}{\partial t}\left(m\iiint \vec{v}F\mathrm{d}v_x\mathrm{d}v_y\mathrm{d}v_z\right) = \frac{\partial}{\partial t}(mn\vec{u}) \qquad (4.13)$$

第二项为

$$m\iiint \vec{v}(\vec{v}\cdot\mathbf{\nabla})F\mathrm{d}v_x\mathrm{d}v_y\mathrm{d}v_z = \mathbf{\nabla}\cdot\left[m\iiint \vec{v}\,\vec{v}F\mathrm{d}v_x\mathrm{d}v_y\mathrm{d}v_z\right] \qquad (4.14)$$

其中,

$$\vec{v}\vec{v} = (\vec{v}-\vec{u})(\vec{v}-\vec{u}) + \vec{u}\vec{v} + \vec{v}\vec{u} - \vec{u}\vec{u}$$

因此,有

$$m\iiint \vec{v}\,\vec{v}F\mathrm{d}v_x\mathrm{d}v_y\mathrm{d}v_z = m\iiint (\vec{v}-\vec{u})(\vec{v}-\vec{u})F\mathrm{d}v_x\mathrm{d}v_y\mathrm{d}v_z + mn\vec{u}\,\vec{u} \qquad (4.15)$$

即

$$m\iiint \vec{v}(\vec{v}\cdot\mathbf{\nabla})F\mathrm{d}v_x\mathrm{d}v_y\mathrm{d}v_z = \mathbf{\nabla}\cdot\vec{P} + \mathbf{\nabla}\cdot(mn\vec{u}\,\vec{u}) \qquad (4.16)$$

第三项中,

$$\iiint \vec{v}(\vec{a}\cdot\mathbf{\nabla}_vF)\mathrm{d}v_x\mathrm{d}v_y\mathrm{d}v_z$$

$$= \iiint (v_x\hat{x} + v_y\hat{y} + v_z\hat{z})\left[\frac{\partial}{\partial v_x}(a_xF) + \frac{\partial}{\partial v_y}(a_yF) + \frac{\partial}{\partial v_z}(a_zF)\right]\mathrm{d}v_x\mathrm{d}v_y\mathrm{d}v_z \qquad (4.17)$$

因为$\mathbf{\nabla}_v\cdot\vec{a}=0$,所以$\vec{a}\cdot\mathbf{\nabla}_vF=\mathbf{\nabla}_v\cdot(\vec{a}F)$。这里,9个积分中,有6个积分为以下类型的:

$$\iiint v_y\frac{\partial}{\partial v_z}(a_zF)\mathrm{d}v_x\mathrm{d}v_y\mathrm{d}v_z = \int_{-\infty}^{\infty}\int_{-\infty}^{\infty}v_y\mathrm{d}v_x\mathrm{d}v_y\int_{-\infty}^{\infty}\frac{\partial}{\partial v_z}(a_zF)\mathrm{d}v_z \qquad (4.18)$$

其中,$\int_{-\infty}^{\infty}\frac{\partial}{\partial v_z}(a_zF)\mathrm{d}v_z=[a_zF]_{-\infty}^{\infty}$。假设在无穷远处$F\to 0$,则上述积分为0,因此有

$$\int_{-\infty}^{\infty}\int_{-\infty}^{\infty}\mathrm{d}v_x\mathrm{d}v_y\int_{-\infty}^{\infty}\mathrm{d}v_zv_z\frac{\partial}{\partial v_z}(a_zF)$$

$$\Rightarrow \int_{-\infty}^{\infty}\mathrm{d}v_zv_z\frac{\partial}{\partial v_z}(a_zF) = [v_za_zF]_{-\infty}^{\infty} - \int_{-\infty}^{\infty}a_zF\mathrm{d}v_z \qquad (4.19)$$

其中,$[v_za_zF]_{-\infty}^{\infty}=0$,故

$$\iiint \vec{v}(\vec{a} \cdot \pmb{\nabla}_v F) \mathrm{d}v_x \mathrm{d}v_y \mathrm{d}v_z = -\iint \vec{a} F \mathrm{d}v_x \mathrm{d}v_y \mathrm{d}v_z \tag{4.20}$$

忽略重力，$m\vec{a} = q\vec{E} + q\vec{v} \times \vec{B} = en\vec{E} + en\vec{v} \times \vec{B}$，则

$$\iiint \vec{v}(\vec{a} \cdot \pmb{\nabla} F) \mathrm{d}v_x \mathrm{d}v_y \mathrm{d}v_z = -\frac{en}{m}(\vec{E} + \vec{u} \times \vec{B}) \tag{4.21}$$

所以式(4.12)最终可以写为

$$\frac{\partial}{\partial t}(mn\vec{u}) + \pmb{\nabla} \cdot (mn\vec{u}\vec{u}) = ne(\vec{E} + \vec{u} \times \vec{B}) - \pmb{\nabla} \cdot \vec{P} + m\iiint \vec{v}\frac{\delta F}{\delta t}\mathrm{d}v_x\mathrm{d}v_y\mathrm{d}v_z$$
$$\tag{4.22}$$

式(4.22)的左侧可以进一步化简为

$$\frac{\partial}{\partial t}(mn\vec{u}) + \pmb{\nabla} \cdot (mn\vec{u}\vec{u}) = mn\frac{\partial\vec{u}}{\partial t} + mu\left[\frac{\partial n}{\partial t} + \pmb{\nabla} \cdot (n\vec{u})\right] + mn[\vec{u} \cdot \pmb{\nabla}]\vec{u} \tag{4.23}$$

因为

$$\frac{\partial n}{\partial t} + \pmb{\nabla} \cdot (n\vec{u}) = 0$$

故

$$mn\left[\frac{\partial\vec{u}}{\partial t} + (\vec{u} \cdot \pmb{\nabla})\vec{u}\right] = ne[\vec{E} + \vec{u} \times \vec{B}] - \pmb{\nabla} \cdot \vec{P} + m\iiint \vec{v}\frac{\delta F}{\delta t}\mathrm{d}v_x\mathrm{d}v_y\mathrm{d}v_z \tag{4.24}$$

又因为

$$\frac{\mathrm{d}\vec{u}}{\mathrm{d}t} = \frac{\partial\vec{u}}{\partial t} + (\vec{u} \cdot \pmb{\nabla})\vec{u}$$

所以最后可得

$$mn\frac{\mathrm{d}\vec{u}}{\mathrm{d}t} = ne[\vec{E} + \vec{u} \times \vec{B}] - \pmb{\nabla} \cdot \vec{P} + m\iiint \vec{v}\frac{\delta F}{\delta t}\mathrm{d}v_x\mathrm{d}v_y\mathrm{d}v_z \tag{4.25}$$

式(4.25)称为动量方程，右侧三项分别代表电磁力、压强梯度力和碰撞(拖曳力，方程推导过程中忽略了重力)。$m\iiint \vec{v}\frac{\delta F}{\delta t}\mathrm{d}v_x\mathrm{d}v_y\mathrm{d}v_z$ 代表碰撞导致的单位体积内的动量变化，与拖曳力有关。

把玻尔兹曼方程(4.6)对整个速度空间求二阶矩，可得

$$\frac{m}{2}\iiint v^2\frac{\partial F}{\partial t}\mathrm{d}v_x\mathrm{d}v_y\mathrm{d}v_z + \frac{m}{2}\iiint v^2(\vec{v} \cdot \pmb{\nabla} F)\mathrm{d}v_x\mathrm{d}v_y\mathrm{d}v_z$$
$$+ \frac{m}{2}\iiint v^2(\vec{a} \cdot \pmb{\nabla}_v F)\mathrm{d}v_x\mathrm{d}v_y\mathrm{d}v_z = \frac{m}{2}\iiint v^2\frac{\delta F}{\delta t}\mathrm{d}v_x\mathrm{d}v_y\mathrm{d}v_z \tag{4.26}$$

其中，第一项为

$$\frac{m}{2}\iiint v^2\frac{\partial F}{\partial t}\mathrm{d}v_x\mathrm{d}v_y\mathrm{d}v_z = \frac{\partial}{\partial t}\left[\iiint \frac{1}{2}mv^2 F\mathrm{d}v_x\mathrm{d}v_y\mathrm{d}v_z\right] = \frac{\partial\omega}{\partial t} \tag{4.27}$$

其中，ω 为热能密度。

第二项为

$$\frac{m}{2}\iiint v^2(\vec{v} \cdot \pmb{\nabla} F)\mathrm{d}v_x\mathrm{d}v_y\mathrm{d}v_z = \pmb{\nabla} \cdot \left[\iiint \frac{1}{2}mv^2\vec{v}F\mathrm{d}v_x\mathrm{d}v_y\mathrm{d}v_z\right] = \pmb{\nabla} \cdot Q \tag{4.28}$$

其中，$Q = \iint \frac{1}{2}mv^2\vec{v}F\mathrm{d}v_x\mathrm{d}v_y\mathrm{d}v_z$，表示热能通量。

第三项为

$$\frac{m}{2}\iiint v^2(\vec{a}\cdot\mathbf{V}_v F)\mathrm{d}v_x\mathrm{d}v_y\mathrm{d}v_z=-\frac{m}{2}\iiint F(\vec{a}\cdot\mathbf{V}_v v^2)\mathrm{d}v_x\mathrm{d}v_y\mathrm{d}v_z \tag{4.29}$$

有 $\mathbf{V}_v v^2=2\vec{v}$，$m\vec{a}=ne\vec{E}+ne\vec{v}\times\vec{B}$，$\vec{v}\cdot(\vec{v}\times\vec{B})=0$。所以第三项最终的形式为

$$-e\vec{E}\cdot\iiint\vec{v}F\mathrm{d}v_x\mathrm{d}v_y\mathrm{d}v_z=-\vec{E}\cdot(ne\vec{u})=-\vec{E}\cdot\vec{J}$$

最后化简式(4.26)可得

$$\frac{\partial\omega}{\partial t}+\mathbf{V}\cdot Q-\vec{E}\cdot\vec{J}=\iiint\frac{1}{2}mv^2\frac{\delta F}{\delta t}\mathrm{d}v_x\mathrm{d}v_y\mathrm{d}v_z \tag{4.30}$$

此方程为能量方程，其中，$\vec{E}\cdot\vec{J}$ 为焦耳热，$\iiint\frac{1}{2}mv^2\frac{\delta F}{\delta t}\mathrm{d}v_x\mathrm{d}v_y\mathrm{d}v_z$ 为粒子之间的碰撞导致的能量转移。如果对所有成分求和，则右边项为 0(能量守恒)，$\frac{\partial\omega}{\partial t}=\vec{E}\cdot\vec{J}-\mathbf{V}\cdot Q$。

上述推导过程中，相空间分布函数 F 是速度的函数，F 也可以表示成随机速度(有时也称为热速度)的函数，碰撞项由 BGK 弛豫时间来表示，其满足的玻尔兹曼方程为

$$\frac{\partial F}{\partial t}+(\vec{c}\cdot\mathbf{V})F+(\vec{u}\cdot\mathbf{V})F-\left[\frac{\partial\vec{u}}{\partial t}+(\vec{u}\cdot\mathbf{V})\vec{u}+(\vec{c}\cdot\mathbf{V})\vec{u}-\vec{a}\right]\mathbf{V}_c F$$

$$=-v_c[F-F_0] \tag{4.31}$$

其中，v_c 是碰撞频率，F_0 为平衡态的玻尔兹曼-麦克斯韦分布方程。

(1) 对分布方程求零阶矩，假设碰撞不会生成或消灭粒子，则方程(4.31)右侧为零。这样就得到 $\frac{\partial n}{\partial t}+(\vec{u}\cdot\mathbf{V})n+n(\mathbf{V}\cdot\vec{u})=0$。则粒子的连续性方程为

$$\frac{\partial n}{\partial t}+\mathbf{V}\cdot(n\vec{u})=0 \tag{4.32}$$

(2) 玻尔兹曼方程的一阶矩可以通过将式(4.31)乘以 $m\vec{c}$ 并对随机速度积分得到(忽略了重力，推导过程省略)：

$$mn\frac{\partial\vec{u}}{\partial t}+mn(\vec{u}\cdot\mathbf{V})\vec{u}+\mathbf{V}\,p-\mathbf{V}\cdot\tau-ne(\vec{E}+\vec{u}\times\vec{B})=0 \tag{4.33}$$

(3) 可以通过将方程(4.31)乘以 $mc^2/2$ 并对随机速度进行积分得到能量方程，经过一系列运算可得(过程省略)

$$\frac{1}{\gamma-1}\frac{\partial p}{\partial t}+\frac{1}{\gamma-1}(\vec{u}\cdot\mathbf{V})p+\frac{\gamma}{\gamma-1}p(\mathbf{V}\cdot\vec{u})+\mathbf{V}\cdot\vec{h}=0 \tag{4.34}$$

热流密度可以表示为 $\vec{h}=-\kappa\mathbf{V}T$，其中，$\kappa$ 是导热率，γ 是气体的比热比。如果忽略热流密度，可以得到绝热状态时的能量关系(或绝热状态方程)$\frac{p}{(mn)^\gamma}$ 为常数。

(4) 如果忽略应力张量 $\mathbf{V}\cdot\tau$ 和热流密度 $\mathbf{V}\cdot\vec{h}$，Navier-Stokes 方程组就可以变为欧拉方程组：

$$\frac{\partial n}{\partial t}+\mathbf{V}\cdot(n\vec{u})=0$$

$$mn\frac{\partial\vec{u}}{\partial t}+mn(\vec{u}\cdot\mathbf{V})\vec{u}+\mathbf{V}\,p-ne(\vec{E}+\vec{u}\times\vec{B})=0 \tag{4.35}$$

$$\frac{1}{\gamma-1}\frac{\partial p}{\partial t}+\frac{1}{\gamma-1}(\vec{u}\cdot\mathbf{V})p+\frac{\gamma}{\gamma-1}p(\mathbf{V}\cdot\vec{u})=0$$

总之,对于接近平衡态的气体,应力张量和热流矢量可以忽略不计时,可用欧拉方程代表宏观量演变的输运方程,否则就要使用更复杂的 Navier-Stokes 方程组。

4.2 磁流体力学方程

4.2.1 单导电流体方程

如果忽略电离、电荷交换、复合、粘滞项,仅考虑电子和离子之间的弹性碰撞,对单成分的流体的连续性方程、动量和能量方程进行求和可以得到单导电流体方程。

(1) 对所有成分的连续性方程求和可以得到电荷守恒定律:

$$\frac{\partial \Sigma_s m_s n_s}{\partial t} + \mathbf{\nabla} \cdot (\Sigma_s m_s n_s \vec{u}_s) = \frac{\partial \rho_m}{\partial t} + \mathbf{\nabla} \cdot (\rho_m \vec{u}) = \frac{\partial \rho}{\partial t} + \mathbf{\nabla} \cdot \vec{J} = 0 \qquad (4.36)$$

因为导电流体为电子和离子的混合流体,因此质量密度可以表示成各分量的和:$\rho_m = \Sigma_s m_s n_s$,s 代表电子或者离子;电荷密度可表示为 $\rho = \Sigma_s q_s n_s$,其中,q_s 是电子或离子的电荷量;流体的平均质量流速为 $\rho_m \vec{u} = \Sigma_s \rho_{ms} \vec{u}_s$,电流密度可表示为 $\vec{J} = \Sigma_s q_s \vec{u}_s$。

电荷守恒定律告诉我们,总电荷的时间变化率是电流的源。在大多数实际应用中,$\partial \rho / \partial t$ 可以忽略不计,因此电流密度是无散的,$\mathbf{\nabla} \cdot \vec{J} = 0$。换句话说,所有的电流系统都必须是闭合的,这是磁层与电离层电流系之间满足的重要性质。

(2) 通过对所有成分的动量方程求和可以得到单流体动量方程(忽略重力):

$\Sigma_s m_s n_s \frac{\partial \vec{u}_s}{\partial t} + \Sigma_s m_s n_s (\vec{u}_s \cdot \mathbf{\nabla}) \vec{u}_s + \Sigma_s \mathbf{\nabla} p_s - \Sigma_s q_s n_s (\vec{E} + \vec{u}_s \times \vec{B}) = \Sigma_s \Sigma_t m_s n_s \vec{v}_{st} (\vec{u}_t - \vec{u}_s) =$

0。导电流体的压力张量的定义较为复杂,压力张量定义为第二随机速度矩(相对于整个流体的整体速度),得到:$P_{ij} = \Sigma_s P_{sij} + \Sigma_s m_s n_s u_{si} u_{sj} - \rho_m u_i u_j$,其中,$P_{ij}$ 为压力张量,该方程意味着在多物种气体中,分子的热运动和气体的相对体积运动都会对压力产生影响。对于电子和离子之间的弹性碰撞来说,总动量守恒,所以 $m_s n_s \vec{v}_{st} = m_t n_t \vec{v}_{st}$,其中,s 和 t 表示电子或离子成分。整理可得单导电流体的动量方程为

$$\rho_m \frac{\partial \vec{u}}{\partial t} + \rho_m (\vec{u} \cdot \mathbf{\nabla}) \vec{u} + \mathbf{\nabla} \cdot P - \rho \vec{E} - \vec{J} \times \vec{B} = 0 \qquad (4.37)$$

(3) 单流体能量方程可以用类似的方式推导出来:

$$\frac{3}{2} \frac{\partial p}{\partial t} + \frac{3}{2} \mathbf{\nabla} \cdot (p\vec{u}) + (P \cdot \mathbf{\nabla}) \cdot \vec{u} + (\mathbf{\nabla} \cdot \vec{h}) = (\vec{J} - \rho \vec{u}) \cdot (\vec{E} + \vec{u} \times \vec{B}) \qquad (4.38)$$

在随流体移动的参考坐标系中,电流密度和电场强度分别变为 $\vec{J}' = \vec{J} - \rho \vec{u}$ 和 $\vec{E}' = \vec{E} + \vec{u} \times \vec{B}$。能量方程的右侧变为 $(\vec{J} - \rho \vec{u}) \cdot (\vec{E} + \vec{u} \times \vec{B}) = \vec{J}' \cdot \vec{E}'$,这称为焦耳加热。

综上,单导电流体满足的 MHD 方程组为

$$\frac{\partial \rho}{\partial t} + \mathbf{\nabla} \cdot \vec{J} = 0 \qquad (4.39)$$

$$\rho_m \frac{\partial \vec{u}}{\partial t} + \rho_m (\vec{u} \cdot \mathbf{\nabla}) \vec{u} + \mathbf{\nabla} \cdot P - \rho \vec{E} - \vec{J} \times \vec{B} = 0$$

$$\frac{3}{2}\frac{\partial p}{\partial t}+\frac{3}{2}\mathbf{\nabla}\cdot(p\,\vec{u})+(P\cdot\mathbf{\nabla})\cdot\vec{u}+(\mathbf{\nabla}\cdot\vec{h})=(\vec{J}-\rho\,\vec{u})\cdot(\vec{E}+\vec{u}\times\vec{B})$$

4.2.2 广义欧姆定律

我们通过电子和离子的连续性方程和动量方程可以推得广义欧姆定律,考虑到准中性 $n_i=n_e$(i 和 e 分别表示离子和电子),所以总电荷密度 $\rho=0$,且 $m_e\ll m_i$,可得到广义欧姆定律为

$$\frac{\partial\vec{J}}{\partial t}+\mathbf{\nabla}\cdot\left(\vec{u}\vec{J}+\vec{J}\vec{u}-\frac{1}{en_e}\vec{J}\vec{J}\right)=\frac{e^2 n_e}{m_e}\left[\frac{1}{en_e}\mathbf{\nabla}\,p_e+(\vec{E}+\vec{u}\times\vec{B})-\frac{1}{en_e}\vec{J}\times\vec{B}-\frac{1}{\sigma_0}\vec{J}\right]$$

$$(4.40)$$

考虑无磁场、稳态的情况,并采用冷等离子体的假设(即忽略离子和电子压强梯度项),令方程(4.40)中忽略二阶小项,就可以得到熟悉的欧姆定律:$\vec{J}=\sigma\vec{E}$。

进一步忽略电流密度随时间的变化,可得到电流密度的表达式为

$$\vec{J}=\sigma\left[(\vec{E}+\vec{u}\times\vec{B})-\frac{1}{en_e}\vec{J}\times\vec{B}+\frac{1}{en_e}\mathbf{\nabla}\,p_e\right] \tag{4.41}$$

这里引入了电导率 σ,其定义为

$$\sigma=\frac{e^2 n_e}{v_{ei} m_e} \tag{4.42}$$

式(4.41)中,第一项表明电流与在随等离子体移动的参考系中测量的电场成正比,第二项描述了霍尔效应,而第三项描述了电子压强梯度(惯性项)。

4.2.3 霍尔电流

下面我们讨论霍尔(Hall)电流,根据式(4.41),电流密度的表达式为 $\vec{J}=\sigma(\vec{E}+\vec{u}\times\vec{B})-\frac{\sigma}{en_e}\vec{J}\times\vec{B}+\frac{\sigma}{en_e}\mathbf{\nabla}p_e$,可以得到霍尔电流和电子压强梯度电流前面的系数:

$$\frac{\sigma}{en_e}=\frac{e}{m_e v_{ei}}=\frac{\omega_{ce}}{B v_{ei}} \tag{4.43}$$

其中,ω_{ce} 为电子回旋频率,v_{ei} 为电子-离子碰撞频率。当 $\omega_{ce}\ll v_{ei}$ 时,该系数很小,因此霍尔电流和电子压强密度电流可以忽略。此时欧姆定律为 $\vec{J}=\sigma(\vec{E}+\vec{u}\times\vec{B})$。

而当 $\omega_{ce}\gg v_{ei}$ 时,广义欧姆定律的后两项远大于第一项,表示扩散效应(霍尔项)和热电效应(电子密度非均匀分布)都可以产生电流。

令等效电场 $\vec{E}^*=\vec{E}+\vec{u}\times\vec{B}+\frac{1}{e_n}\mathbf{\nabla}p_e$,则广义欧姆定律为 $\vec{J}=\sigma\vec{E}^*+\frac{\omega_{ce}}{B v_{ei}}(\vec{J}\times\vec{B})$,可求得

$$\vec{J}=\begin{bmatrix} \sigma & 0 & 0 \\ 0 & \dfrac{\sigma}{1+\omega_{ce}^2/v_{ei}^2} & -\dfrac{\sigma\omega_{ce}}{(1+\omega_{ce}^2/v_{ei}^2)v_{ei}} \\ 0 & -\dfrac{\sigma\omega_{ce}}{(1+\omega_{ce}^2/v_{ei}^2)v_{ei}} & 1 \end{bmatrix}\cdot\begin{bmatrix} E_x^* \\ E_y^* \\ E_z^* \end{bmatrix} \tag{4.44}$$

下面分两种情形进行讨论。

(1) $\vec{B}=B\hat{e}_x$,$\vec{E}^*=E_x^*\hat{e}_x$,$\vec{J}=\sigma\vec{E}^*$,此时电流和电场均平行于磁场。

(2) $\vec{B}=B\hat{e}_x$,$\vec{E}^*=E_y^*\hat{e}_y$,$J_x=0$,$J_y=\dfrac{\sigma}{1+\omega_{ce}^2/\nu_{ei}^2}E^*$,$J_z=-\dfrac{\sigma\omega_{ce}/\nu_{ei}}{1+\omega_{ce}^2/\nu_{ei}^2}E^*$,可知 $J_z\perp\vec{B}\perp\vec{E}^*$。如果 $\omega_{ce}\gg\nu_{ei}$,那么 $J_z\gg J_y$。由垂直于磁场方向的电场引起的电流,不再沿电场方向流动,而是垂直于磁场和电场方向流动,称之为霍尔电流,霍尔电流方向上的电流的电导率是电场方向上的电流的电导率的 ω_{ce}/ν_{ei} 倍。

4.3 电磁感应定律

欧姆定律(忽略霍尔项和电子压强项)为

$$\vec{J}=\sigma(\vec{E}+\vec{u}\times\vec{B}) \tag{4.45}$$

对欧姆定律两端取旋度,可得

$$\nabla\times\vec{J}=\sigma(\nabla\times\vec{E}+\nabla\times(\vec{u}\times\vec{B})) \tag{4.46}$$

利用麦克斯韦方程组中的法拉第电磁感应定律和安培环路定律(忽略位移电流)可得

$$\nabla\times\vec{E}=-\frac{\partial\vec{B}}{\partial t} \tag{4.47}$$

$$\nabla\times\vec{B}=\mu_0\vec{J}$$

将式(4.47)代入式(4.46),取代其中的电场和电流密度,化简得到:

$$\nabla\times(\nabla\times\vec{B})=\sigma\mu_0\left[-\frac{\partial\vec{B}}{\partial t}+\nabla\times(\vec{u}\times\vec{B})\right] \tag{4.48}$$

由于

$$\nabla\times(\nabla\times\vec{B})=\nabla(\nabla\cdot\vec{B})-\nabla^2\vec{B}=-\nabla^2\vec{B}(磁场无散度)$$

方程(4.48)变为

$$\frac{\partial\vec{B}}{\partial t}=\nabla\times(\vec{u}\times\vec{B})+\eta_m\nabla^2\vec{B}=-\nabla(\vec{u}\vec{B}-\vec{B}\vec{u})+\eta_m\nabla^2\vec{B} \tag{4.49}$$

这个方程就是电磁感应方程,其中,粘滞系数 $\eta_m=\dfrac{1}{\sigma\mu_0}$。方程右侧的第一项是对流项,第二项是磁扩散项。通常定义磁雷诺数为

$$R_m=\frac{\nabla\times(\vec{u}\times\vec{B})}{\eta_m\nabla^2\vec{B}}=\frac{\vec{u}\times\vec{B}}{\eta_m\nabla\times\vec{B}}=\frac{UB}{\eta_m BL^{-1}}=\frac{UL}{\eta_m}$$

其中,U 为流体的特征速度,L 是磁场变化的特征长度。下面考虑两种情形。

(1) 当 $R_m\ll1$ 时,或导电流体不动时,式(4.49)变为 $\dfrac{\partial\vec{B}}{\partial t}=\eta_m\nabla^2\vec{B}$,这就是磁扩散方程。磁扩散的本质是电磁感应,在介质的某个区域,磁场的变化引起感应电场和电流,此电流又激发磁场,从而使磁场从强度大的区域向强度小的区域扩散。换句话说,磁扩散是由于导体存在电阻,引起感应电流,磁场从强度大的区域向强度小的区域扩散的过程。由于导体存在欧姆耗散,一部分磁能转变成热能,因此将引起磁场能量的衰减。

（2）当$R_m \gg 1$时，或者导体电导率$\sigma \to \infty$时，式（4.49）变为$\frac{\partial \vec{B}}{\partial t} = \mathbf{\nabla} \times (\vec{u} \times \vec{B})$，它表示磁场的变化如同磁力线附着在流体上，因此该方程也称作冻结方程。冻结效应的物理解释为：当理想导电流体在磁场中运动时，流体相对于磁力线的运动将引起感应电场，但是导电流体的电导率为无穷大，这样感应电场就必须为零，否则电流将无穷大，由于$\vec{E} = -\vec{u} \times \vec{B}$，而$\vec{E} = 0$，故速度方向和磁场方向平行，即导电流体相对于磁力线没有运动，就好像磁力线冻结在导电流体中一样。

4.4 磁静平衡方程的解

下面考虑磁静平衡态下 MHD 方程的求解，假设存在一静磁场，流体速度为零，忽略重力场，则 MHD 动量方程、磁场的高斯定律和安培环路定律变为

$$\mathbf{\nabla} p - \vec{J} \times \vec{B} = 0$$

$$\mathbf{\nabla} \times \vec{B} = \mu_0 \vec{J} \qquad\qquad (4.50)$$

$$\mathbf{\nabla} \cdot \vec{B} = 0$$

分两种情形讨论。

（1）$\vec{J} \times \vec{B} = 0$，即无力场情形，此时$\mathbf{\nabla} p = 0$，即热压远小于磁压，因此可以忽略热压，这适用于稀薄等离子体情形。无力场中，电流处处平行于磁场，磁力为零，不考虑重力，则系统基本处于不受力状态。此时$\mu_0 \vec{J} = \alpha \vec{B}$，其中，$\alpha$为无力因子，即

$$\mu_0 \mathbf{\nabla} \cdot \vec{J} = \alpha \mathbf{\nabla} \cdot \vec{B} + (\vec{B} \cdot \mathbf{\nabla})\alpha = (\vec{B} \cdot \mathbf{\nabla})\alpha = 0 \qquad (4.51)$$

这表明磁力线在α的等值面上。如果弯曲的矢量场在α的等值面上不消失，则等值面必须为螺线管形状的，即电流和磁力线都为螺线形状的。无力场在日冕磁场研究中应用广泛。

（2）$\vec{J} \times \vec{B} \neq 0$，即力平衡情形，此情形适用于稠密等离子体。此时有

$$\vec{J} \times \vec{B} = \mathbf{\nabla} p \qquad\qquad (4.52)$$

即$\vec{J} = \frac{\vec{B} \times \mathbf{\nabla} p}{B^2}$，表示只要存在压强梯度，就会引起电流，该电流产生的扰动磁场与外磁场相反，因此称该电流为逆磁电流。将电流密度代入式（4.52），化简整理后可得

$$\mathbf{\nabla}\left(p + \frac{B^2}{2\mu_0}\right) = \frac{1}{\mu_0}(\vec{B} \cdot \mathbf{\nabla} B) \qquad (4.53)$$

方程的右侧为磁场的曲率。如果等离子体中的磁场近似为平行直线且无空间梯度，则可得

$$\mathbf{\nabla}\left(p + \frac{B^2}{2\mu_0}\right) = 0 \qquad\qquad (4.54)$$

即在垂直于磁场的方向上，$p + \frac{B^2}{2\mu_0}$为常数，称此为横向压力平衡。这表明压强高的区域磁场弱，反之，压强低的区域磁场强。当压强的分布为中心强而边缘弱时，磁场的分布为中心弱而边缘强，会形成磁阱结构，这主要是由逆磁电流增强或削弱了外磁场导

致的。

思考题

（1）广义欧姆定律的表达式为 $\vec{J}=\sigma(\vec{E}+\vec{u}\times\vec{B})-\dfrac{\sigma}{en_e}\vec{J}\times\vec{B}+\dfrac{\sigma}{en_e}\nabla p_e$，请简述表达式中各项的物理意义。

（2）在无力场中，如果电流密度与磁场平行，$\vec{J}=\alpha\vec{B}$，请证明必有 $\vec{B}\cdot\nabla\alpha=0$。

（3）请推导电磁感应方程 $\dfrac{\partial\vec{B}}{\partial t}=\nabla\times(\vec{u}\times\vec{B})+\eta_m\nabla^2\vec{B}$，并分析式中各项的物理意义和占主导地位的条件。

（4）阐述 MHD 理论与单粒子轨道运动理论、分子动力学理论的区别和联系。

（5）请推导广义欧姆定律。

5

波动现象

声波、光波和电磁波等是自然界普遍存在的波现象。通常来说,振动和波这两种周期现象之间的差别较大,振动是物体在一定位置附近来回往复的运动,波是指振动的物体带动它周围的物质一起振动,因此波可以看成是振动的传播。对于小振幅的振动和波,它们两者在某些方面的物理和数学特性较为相似。例如:所有的小振幅波都可以用色散关系来描述,信号和能量的传播与群速度有关。在本章中,我们将主要介绍中性和导电流体中小振幅波的一些基本性质。在中性流体中,波现象相对较少,而在导电流体(特别是当它被磁化时)中会产生各种类型的等离子体波。本章主要讨论线性小振幅波的波动方程,非线性波一般指大幅度的扰动,方程过于复杂,本章不再赘述。这里仅讨论单一种类的气体或单成分等离子体,本章的结果可推广到多成分等离子体。

通过研究等离子体的波动我们可以了解等离子体的相关性质和状态,如历史上正是通过无线电报横跨大西洋的传播实验证实了电离层的存在。对等离子体波动作出重要贡献的科学家包括阿普尔顿、朗缪尔和阿尔文等。导电流体中的热压力、静电磁力对等离子体的扰动都起着恢复力的作用,因此,导电流体中的波动比中性介质中的更为丰富。等离子体的波动通常使用流体描述,第一种方法是将等离子体看作导电连续介质,介质的特性由电导率和介电常数来描述;第二种方法是将流体方程和麦克斯韦方程联合来求解波的特性。本章主要采用第二种方法讨论各种类型的波动。

5.1 平面波

根据傅里叶分析,流体的周期性简谐运动可以分解为不同频率的正弦波的叠加。单频正弦波 $\vec{A}_0\cos(\omega t - \vec{k}\cdot\vec{r})$ 通常可用复数表达为 $\vec{A} = \vec{A}_0 e^{i(\omega t - \vec{k}\cdot\vec{r})}$,其中,$\vec{A}_0$ 为振幅矢量,ω 为频率,$\vec{k}$ 为波矢量(简称波矢),其大小为波数,波数与波长 λ 的关系为 $k = 2\pi/\lambda$。空间相位因子为 $\vec{k}\cdot\vec{r} = k_x x + k_y y + k_z z$,如果波的等相位面为平面,则称其为平面波。如果波的等相位面为球面,则称其为球面波。本章主要讨论平面波。等相位面的传播速度可以通过求解以下方程得到：

$$\frac{\mathrm{d}}{\mathrm{d}t}(\omega t-\vec{k}\cdot\vec{r})=0 \tag{5.1}$$

相速度可表示为 $\vec{v_\mathrm{p}}=\frac{\omega}{k}\hat{k}$，在某给定方向 $\hat{e}$ 上传播速度是 $\frac{v_\mathrm{p}}{\hat{k}\cdot\hat{e}}$。相速度可能超过光速，这是因为信息和能量不能以相速度传播。信息和能量是通过调制波的频率或者振幅来携带的，携带信息的波包的传播速度称为群速度，该速度不会超过光速。

为了说明这一点，考虑两列振幅相同、偏振方向相同、频率分别为 $\omega+\mathrm{d}\omega$ 和 $\omega-\mathrm{d}\omega$ 的线偏振平面波，它们都沿 z 轴方向传播。这两列波可表示为

$$A_1=A_0\cos\left[(\omega+\mathrm{d}\omega)t-\frac{\omega+\mathrm{d}\omega}{c}z\right]$$
$$A_2=A_0\cos\left[(\omega-\mathrm{d}\omega)t-\frac{\omega-\mathrm{d}\omega}{c}z\right] \tag{5.2}$$

两列波的叠加为

$$\begin{aligned}A_1+A_2&=A_0\cos\left[(\omega+\mathrm{d}\omega)t-\frac{\omega+\mathrm{d}\omega}{c}z\right]+A_0\cos\left[(\omega-\mathrm{d}\omega)t-\frac{\omega-\mathrm{d}\omega}{c}z\right]\\&=2A_0\cos(\mathrm{d}\omega t-\mathrm{d}kz)\mathrm{e}^{\mathrm{i}(\omega t-kz)}\end{aligned} \tag{5.3}$$

空间相位因子为 $\mathrm{e}^{\mathrm{i}(\omega t-kz)}$，在 t 时刻，$\omega t-kz=c_1$，在 $t+\Delta t$ 时刻，$\omega(t+\Delta t)-k(z+\Delta z)=c_1$，故 $kz-\omega t=k(z+\Delta z)-\omega(t+\Delta t)$，所以 $k\Delta z=\omega\Delta t$。我们可以求得相速度为

$$v_\mathrm{p}=\frac{\partial z}{\partial t}=\frac{\omega}{k} \tag{5.4}$$

合成波的振幅为 $2A_0\cos(\mathrm{d}\omega t-\mathrm{d}kz)$，不是常数，其呈现为一个波包。波包的中心在 t 时刻满足 $\mathrm{d}\omega t-\mathrm{d}kz=C$，在 $t+\Delta t$ 时刻，$\mathrm{d}\omega(t+\Delta t)-\mathrm{d}k(z+\Delta z)=C$，因此有 $\mathrm{d}k(z+\Delta z)-\mathrm{d}\omega(t+\Delta t)=kz-\mathrm{d}\omega t$，则 $\mathrm{d}k\Delta z=\mathrm{d}\omega\Delta t$，因此，群速度的表达式为

$$v_\mathrm{g}=\frac{\Delta z}{\Delta t}=\frac{\mathrm{d}\omega}{\mathrm{d}k}=v_\mathrm{p}+k\frac{\mathrm{d}v_\mathrm{p}}{\mathrm{d}k}=v_\mathrm{p}-\lambda\frac{\mathrm{d}v_\mathrm{p}}{\mathrm{d}\lambda} \tag{5.5}$$

如果 $\frac{\mathrm{d}v_\mathrm{p}}{\mathrm{d}\lambda}=0$，则该介质为无色散介质，否则该介质为色散介质。值得注意的是，群速度是信号或能量传播的速度，因此其不能超过光速。

5.2　波的色散关系

色散用于描述波在介质中传播时，相速度随频率变化而发生变化的现象。色散关系为波数与波的频率建立了某种联系。在色散介质中，由于不同频率的平面波的传播速度不同，因此，随着传播距离的变化，波包将出现变形和失真。在真空中，电磁波满足 $\omega=ck$，其中，c 为真空中光的传播速度，对应的色散曲线为直线。通常色散关系式可写为 $\omega=f(k)$，这样就可以由色散关系式推得波的相速度 $\frac{\omega}{k}$ 和群速度 $\frac{\partial\omega}{\partial k}$ 的表达式。

5.3 波的极化

为了描述空间某点的平面电磁波的电场随时间的变化情况,引入平面电磁波的极化概念。通常定义平面电磁波的电场矢量末端随时间在空间运动变化的轨迹形态为电磁波的极化,在光学里也称之为偏振。根据末端的轨迹形状,波可以分为椭圆波、圆波和线性极化波。根据旋转方向,波又可分为左旋波或右旋椭圆(圆)波。波的极性通常由相互垂直的两列波分量的初始相位和振幅来决定。任意均匀平面电磁波均可以分解为两个相互垂直的线极化平面波。反之,任意一列圆极化的、椭圆极化的平面波可以分解为两个相互垂直的线极化平面波。极化是电磁波重要的参数之一。

5.4 线性方程

对于平面波的复数表达式,为了简化起见,可以把时间相位因子和空间相位因子分开表示,如 $\vec{E}(\vec{r},t)=\vec{E}_0 \mathrm{e}^{-i\vec{k}\cdot\vec{r}} \mathrm{e}^{i\omega t}=\vec{E}(\vec{r}) \mathrm{e}^{i\omega t}$,其中,$\vec{E}(\vec{r})=\vec{E}_0 \mathrm{e}^{-i\vec{k}\cdot\vec{r}}$。因此,平面波的时间微分可以用 $i\omega$ 代替,空间微分因子可以用 $-i\vec{k}$ 代替,因此,麦克斯韦方程组可以线性化为下面的形式(省略时间相位因子 $\mathrm{e}^{i\omega t}$):

$$\begin{cases} \vec{k}\cdot\vec{E}(r)=i\dfrac{\rho}{\varepsilon} \\ \vec{k}\cdot\vec{H}(r)=0 \\ \vec{k}\times\vec{E}(r)=\omega\mu\vec{H}(r) \\ \vec{k}\times\vec{H}(r)=i\vec{J}(r)-\omega\varepsilon\vec{E}(r) \end{cases} \tag{5.6}$$

下面对上述表达式进行证明。设沿着 z 轴方向传播的平面波的表达式为

$$\begin{cases} \vec{E}(z)=\vec{E}_0 \mathrm{e}^{-ikz} \\ \vec{H}(z)=\vec{H}_0 \mathrm{e}^{-ikz} \end{cases} \tag{5.7}$$

其中,波矢量 $\vec{k}=k\vec{e}_z$,对磁场强度取旋度可得

$$\boldsymbol{\nabla}\times\vec{H}=\boldsymbol{\nabla}\times(\vec{H}_0 \mathrm{e}^{-ikz})=\boldsymbol{\nabla}\mathrm{e}^{-ikz}\times\vec{H}_0=-i\mathrm{e}^{-ikz}\boldsymbol{\nabla}(kz)\times\vec{H}_0=-i\mathrm{e}^{-ikz}\vec{k}\times\vec{H}_0=-i\vec{k}\times\vec{H} \tag{5.8}$$

对电场强度取时间微分可得

$$\frac{\partial(\vec{E}\mathrm{e}^{i\omega t})}{\partial t}=i\omega\vec{E}\mathrm{e}^{i\omega t}$$

将上式代入麦克斯韦的安培环路定律式,可得

$$\boldsymbol{\nabla}\times\vec{H}=\vec{J}+\varepsilon\partial\vec{E}/\partial t$$

可以写为

$$\vec{k}\times\vec{H}=i\vec{J}-\omega\varepsilon\vec{E} \tag{5.9}$$

同理,法拉第电磁感应定律式可写为

$$\vec{k}\times\vec{E}=\omega\mu\vec{H}$$

电场的散度为

$$\mathbf{\nabla} \cdot \vec{E} = \mathbf{\nabla} \cdot (\vec{E}_0 \, \mathrm{e}^{-\mathrm{i}kz}) = \mathbf{\nabla} \mathrm{e}^{-\mathrm{i}kz} \cdot \vec{E}_0 = -\mathrm{i} \mathrm{e}^{-\mathrm{i}kz} \mathbf{\nabla}(kz) \cdot \vec{E}_0 = -\mathrm{i} \mathrm{e}^{-\mathrm{i}kz} \vec{k} \cdot \vec{E}_0 = -\mathrm{i} \, \vec{k} \cdot \vec{E}$$

(5.10)

将上式代入麦克斯韦方程 $\mathbf{\nabla} \cdot \vec{E} = \dfrac{\rho}{\varepsilon}$,可得 $\vec{k} \cdot \vec{E} = \mathrm{i} \dfrac{\rho}{\varepsilon}$,同理可得磁场的散度方程为 $\vec{k} \cdot \vec{H} = 0$。

下面考虑理想磁流体力学方程的线性化形式。假设方程组的平衡态解为 ρ_{m0}, $\vec{u}_0$, p_0 和 $\vec{B}_0$(下标 0 代表平衡态解)。引入一个小幅度平面波扰动量(波浪线表示扰动量),假设流体静止($\vec{u}_0 = 0$)。在这种情况下,理想磁流体力学方程的解可以表示为

$$\begin{cases} \rho_m = \rho_{m0} + \tilde{\rho}_m \\ \vec{u} = \tilde{u} \\ p = p_0 + \tilde{p} \\ \vec{B} = \vec{B}_0 + \tilde{B} \end{cases}$$

(5.11)

需要注意的是,式(5.11)省略了小幅度平面波的空间和时间相位因子 $\mathrm{e}^{\mathrm{i}(\omega t - \vec{k} \cdot \vec{r})}$。接下来,我们可忽略所有包含高阶扰动的项(如 $\tilde{\rho}_m \tilde{u}$),对于平面波,空间微分用 $-\mathrm{i}\vec{k}$ 表示,时间微分用 $\mathrm{i}\omega$ 表示,化简得到以下关于波的线性化的 MHD 方程组:

$$\begin{cases} \omega \tilde{\rho}_m - \rho_{m0}(\vec{k} \cdot \tilde{u}) - \mathrm{i}(\tilde{u} \cdot \mathbf{\nabla})\rho_{m0} = 0 \\ \omega \rho_{m0} \tilde{u} - \vec{k}(p_0 + \tilde{p}) + \mathrm{i}(\rho_{m0} + \tilde{\rho}_m)\vec{g} - \vec{k}\dfrac{\vec{B}_0 \cdot \tilde{B}}{\mu_0} + \vec{k} \cdot \left(\dfrac{\vec{B}_0 \tilde{B} + \tilde{B}\vec{B}_0}{\mu_0}\right) = 0 \\ \dfrac{3}{2}\omega \tilde{p} - \dfrac{3\mathrm{i}}{2}(\tilde{u} \cdot \mathbf{\nabla})p_0 - \dfrac{5}{2}p_0(\vec{k} \cdot \tilde{u}) = 0 \\ \omega \tilde{B} + (\vec{k} \cdot \tilde{u})\vec{B}_0 + (\vec{B}_0 \cdot \mathbf{\nabla})\tilde{u} = 0 \end{cases}$$

(5.12)

下面根据该方程组分别讨论中性气体和等离子体中的平面波。

5.5　大气波动

5.5.1　大气重力波

大气流体中存在一种因为重力引起的波动,称为重力波。假设中性大气静止、不可压缩,满足流体静力平衡条件(即流体处于相对静止或匀速运动的平衡状态),此时背景压强梯度与重力相等:$\rho_{m0}\vec{g} = \mathbf{\nabla} p_0$。设重力场沿 z 轴方向,即 $\vec{g} = -g\,\hat{e}_z$,背景压强和密度只在 z 方向上变化,则该平面波的解可以表示为

$$\begin{aligned} \rho_m &= \rho_{m0} + \tilde{\rho} \\ \vec{u} &= \tilde{u} \\ p &= p_0 + \tilde{p} \end{aligned}$$

(5.13)

注意上式中小幅度波的空间和时间相位项 $\mathrm{e}^{\mathrm{i}(\omega t - \vec{k} \cdot \vec{r})}$ 省略未写出。将上式代入连续性方程和动量方程(5.12)中,可得

$$\omega\tilde{\rho}_m + \mathrm{i}\,\frac{g}{\rho_{m0}}\frac{\mathrm{d}\rho_{m0}}{\mathrm{d}z}\frac{\rho_{m0}}{g}\tilde{u}_z = 0$$

$$\omega\rho_{m0}\tilde{u} - \vec{k}\tilde{p} - \mathrm{i}\tilde{\rho}\,\vec{g} = 0 \tag{5.14}$$

$$\vec{k}\cdot\tilde{u} = 0$$

经过计算整理之后,可以得到该波动方程的色散关系为

$$\omega^2 = N^2\sin^2\theta \tag{5.15}$$

其中,θ 是重力场和波矢量 $\vec{k}$ 之间的夹角 $\left(\theta = \arcsin\sqrt{\dfrac{k_x^2 + k_y^2}{k^2}}\right)$。这表明重力波的频率在 0 到最大值 N 之间变化,在水平方向上,重力波频率最大,而在垂直方向上,频率为零,即重力波不能垂直于地面传播。重力波是中高层大气中最普遍、最重要的中小尺度扰动,低层大气被认为是大气重力波的主要源区。重力波之间的相互作用和能量交换是中高层大气波动研究的关键问题之一。这一相互作用过程会导致波动能量在不同尺度之间的传输,改变大气能谱结构,也会激发出新的波动。

5.5.2　低频声波

在可压缩大气流体中,有一种简单的波是低频声波,这是压强扰动驱动的波。假设忽略所有外力,中性气体处于静止平衡状态,质量密度为 ρ_{m0},压强为 p_0。如果大气在空间内均匀分布,即 $\mathbf{\nabla}\rho_{m0} = 0$ 和 $\mathbf{\nabla}p_0 = 0$,那么在这种情况下,小振幅扰动波满足的连续性方程和能量方程为

$$\omega\tilde{\rho}_m - \rho_{m0}(\vec{k}\cdot\tilde{u}) = 0$$

$$\frac{3}{2}\omega\tilde{p} - \frac{5}{2}p_0(\vec{k}\cdot\tilde{u}) = 0 \tag{5.16}$$

结合连续性方程和能量方程可得到绝热关系(注意,ρ_{m0} 和 p_0 是常数):

$$\omega\left(\tilde{p} - \frac{5}{3}\frac{p_0}{\rho_{m0}}\tilde{\rho}_m\right) = 0 \tag{5.17}$$

由此可得密度与压强扰动之间的关系:

$$\tilde{p} = \frac{5}{3}\frac{p_0}{\rho_{m0}}\tilde{\rho}_m \tag{5.18}$$

结合动量方程 $\omega\rho_{m0}\tilde{u} - \vec{k}\tilde{p} = 0$,可得到密度和速度扰动的波动方程:

$$\begin{pmatrix} \dfrac{5}{3}\dfrac{p_0}{\rho_{m0}}k^2 & -\omega^2 \\[2mm] \dfrac{5}{3}\dfrac{p_0}{\rho_{m0}}k^2 & -\omega^2 \end{pmatrix}\cdot\begin{pmatrix} \tilde{\rho}_m \\[2mm] \tilde{u} \end{pmatrix} = 0 \tag{5.19}$$

这些方程描述了一种可压缩波,其传播速度为

$$v_s = \frac{\omega}{k} = \sqrt{\frac{5}{3}\frac{p_0}{\rho_{m0}}} \tag{5.20}$$

这种波被称为声波,v_s 是该波在理想气体中的声速。该波是在大气中传播的一种纵波,起源于发声体的振动。频率高于 20000 Hz 的声波(超声波)和频率低于 20 Hz 的声波(次声波,台风、地震等自然灾害会产生次声波)一般不能引起声感,只有频率为

20～20000 Hz 的声波才能被人耳听到。

5.6　非磁化冷等离子体中的波

不考虑背景磁场,在冷等离子体(电子和离子)中,动量方程中的压强项可以忽略,能量方程也可以忽略。设流体静止($\vec{u}_0=0$),忽略粒子之间的碰撞和外力,电子和离子的连续性方程和动量方程为

$$
\begin{aligned}
&\omega \tilde{n}_e - n_0(\vec{k} \cdot \tilde{u}_e) = 0 \\
&\omega \tilde{n}_i - n_0(\vec{k} \cdot \tilde{u}_i) = 0 \\
&\omega m_e n_0 \tilde{u}_e - i e n_0 \tilde{E} = 0 \\
&\omega m_i n_0 \tilde{u}_i + i e n_0 \tilde{E} = 0
\end{aligned}
\tag{5.21}
$$

因此,等离子体的密度和速度扰动量可用扰动电场表示:

$$
\begin{aligned}
&\tilde{n}_e = \frac{1}{i\omega} \frac{e n_0}{m_e}\left(\frac{\vec{k}}{\omega} \cdot \vec{E}\right) \\
&\tilde{n}_i = -\frac{1}{i\omega} \frac{e n_0}{m_i}\left(\frac{\vec{k}}{\omega} \cdot \vec{E}\right) \\
&\vec{u}_e = \frac{1}{i\omega} \frac{e}{m_e} \vec{E} \\
&\vec{u}_i = -\frac{1}{i\omega} \frac{e}{m_i} \vec{E}
\end{aligned}
\tag{5.22}
$$

电流密度可以表示为

$$
\vec{J} \approx e n_0(\tilde{u}_i - \tilde{u}_e) = i\varepsilon_0 \frac{\omega_p^2}{\omega} \tilde{E}
\tag{5.23}
$$

其中,ω_p 为等离子体频率(即等离子体的振荡频率),$\omega_p^2 = \frac{e^2 n_0}{\varepsilon_0}\left(\frac{1}{m_i} + \frac{1}{m_e}\right)$。

结合麦克斯韦方程组的安培环路定律和法拉第电磁感应定律,

$$
\begin{cases}
\vec{k} \times \vec{E}(r) = \omega\mu \vec{H}(r) \\
\vec{k} \times \vec{H}(r) = i\vec{J}(r) - \omega\varepsilon \vec{E}(r)
\end{cases}
$$,整理后可得

$$
\vec{k} \times (\vec{k} \times \tilde{E}) = (k \cdot \tilde{E})\vec{k} - k^2 \tilde{E} = -\frac{\omega^2}{c^2}\left(1 - \frac{\omega_p^2}{\omega^2}\right)\tilde{E}
\tag{5.24}
$$

因此,式(5.24)可进一步写为

$$
\begin{pmatrix}
c^2 k^2 - (\omega^2 - \omega_p^2) & 0 & 0 \\
0 & c^2 k^2 - (\omega^2 - \omega_p^2) & 0 \\
0 & 0 & \omega^2 - \omega_p^2
\end{pmatrix} \cdot \tilde{E} = 0
\tag{5.25}
$$

5.6.1　朗缪尔波

非磁化冷等离子体中存在的第一类型波的色散关系为 $\omega^2 = \omega_p^2$,由式(5.25)可知,此时电场平行于波矢(都只有 z 分量),因此该波是静电波,也称为朗缪尔波。这种波的

形成源于电子-离子在外加扰动电场的作用下发生的相对位移。如果某处的电子相对离子发生位移，则在该处会形成极化电场，该电场会将电子拉回平衡位置，但是惯性会使电子冲过平衡位置继续运动，又产生电场，如此，电子便在平衡点附近振荡。由于离子质量远大于电子质量，因此离子可以看成是静止不动的背景。电子的这种振荡称为朗缪尔振荡，其相速度和群速度分别为

$$v_p = \frac{\omega}{k} = \frac{\omega_p}{k}$$

$$v_g = \frac{\partial \omega}{\partial k} = 0$$

(5.26)

这表明朗缪尔波不在冷等离子体中传播，其只代表达到电平衡状态时的振荡，其不会传播到别处去，其特征等离子体频率为 ω_p。

以上考虑的是等离子体流体静止的情形，如果等离子体在 x 方向上以恒定速度 $\vec{u}_0$ 运动，那么朗缪尔波的色散关系又如何呢？此时，等离子体的连续性方程和动量方程可以写为

$$\omega \tilde{n}_e - (n_0 + \tilde{n}_e)(\vec{k} \cdot (\tilde{u}_e + \vec{u}_0)) = 0$$

$$\omega \tilde{n}_i - (n_0 + \tilde{n}_i)(\vec{k} \cdot (\tilde{u}_i + \vec{u}_0)) = 0$$

$$\omega m_e n_0 \tilde{u}_e - i e n_0 \tilde{E} = 0$$

$$\omega m_i n_0 \tilde{u}_i + i e n_0 \tilde{E} = 0$$

(5.27)

假设朗缪尔波的电场平行于波矢，只有 z 分量，则 $\vec{k} \cdot \vec{u}_0 = 0$，忽略二阶小量，可得

$$\omega \tilde{n}_e - n_0 (\vec{k} \cdot \tilde{u}_e) = 0$$

$$\omega \tilde{n}_i - n_0 (\vec{k} \cdot \tilde{u}_i) = 0$$

$$\omega m_e n_0 \tilde{u}_e - i e n_0 \tilde{E} = 0$$

$$\omega m_i n_0 \tilde{u}_i + i e n_0 \tilde{E} = 0$$

(5.28)

进一步可得

$$\tilde{n}_e = \frac{1}{i\omega} \frac{e n_0}{m_e} \left(\frac{\vec{k}}{\omega} \cdot \vec{E} \right)$$

$$\tilde{n}_i = -\frac{1}{i\omega} \frac{e n_0}{m_i} \left(\frac{\vec{k}}{\omega} \cdot \vec{E} \right)$$

$$\vec{u}_e = \frac{1}{i\omega} \frac{e}{m_e} \vec{E}$$

$$\vec{u}_i = -\frac{1}{i\omega} \frac{e}{m_i} \vec{E}$$

(5.29)

那么电流密度可表示为

$$\vec{J} = e(n_i \vec{u}_i - n_e \vec{u}_e) = i e_0 \frac{\omega_p^2}{\omega} \tilde{E}$$

(5.30)

则根据 $\vec{k} \times (\vec{k} \times \tilde{E}) = -\frac{\omega^2}{c^2} \left(1 - \frac{\omega_p^2}{\omega^2} \right) \tilde{E} = 0$，可得 $\omega = \omega_p = \sqrt{\frac{e^2 n_0}{\varepsilon_0} \left(\frac{1}{m_i} + \frac{1}{m_e} \right)}$，如果忽略离子的运动，则电子朗缪尔波的频率仍然为

$$\omega = \omega_{pe} = \sqrt{\frac{e^2 n_0}{\varepsilon_0 m_e}} \tag{5.31}$$

以上考虑的是冷等离子体,如果等离子体的电子温度不为零,则动量方程里面的电子压强项不能忽略,那么,由于电子的热运动,可以将该振荡区域的信息传播到邻近区域,从而使得邻近区域也发生振荡,这样就可以形成一纵波,这种纵波就称为电子朗缪尔波,其色散关系式为

$$\omega^2 = \omega_{pe}^2 + \frac{3k^2 T_0}{m_e} = \omega_{pe}^2 + \frac{3}{2} k^2 v_{th}^2 \tag{5.32}$$

其中,$v_{th} = \sqrt{\frac{2k_B T_0}{m_e}}$ 为电子的热速度,此式就是朗缪尔波的色散关系。假定 $k\lambda_D \ll 1$(其中,$\lambda_D = \frac{v_{th}}{\sqrt{2}\omega_{pe}}$ 为电子的德拜长度),式(5.32)又可近似地写为

$$\omega = \pm \omega_{pe} (1 + 3k^2 \lambda_D^2)^{1/2} \tag{5.33}$$

由此可见,只有当 $\omega > \omega_{pe}$,即波的频率高于电子等离子体频率时,朗缪尔波才能在其中传播。通常电子朗缪尔波的频率远高于离子等离子体频率,其为高频波。离子来不及响应这高频率的变化,因此该波中的电子起主要作用,该波可称为电子静电朗缪尔波。朗缪尔波的群速度与电子的热运动速度的量级相当,表达式为

$$v_g = \frac{d\omega}{dk} = \frac{3}{\sqrt{2}} (k\lambda_D) v_{th} \tag{5.34}$$

另外需要补充说明的是,如果考虑低频情况,则可以得到离子声波。由于离子声波的波长较长,这种长尺度条件下,等离子体可以保持电中性,因此,引起的扰动类似于中性气体中的压缩大气声波。对于低频短波情形,电子热压依然存在,使得其不能有效屏蔽电荷分离所产生的静电场,从而引起电荷分离,并引起离子的振荡,对应的波称为离子静电波。

5.6.2 电磁波

在未磁化冷等离子体中传播的第二类波为高频电磁波,由式(5.25)可知,波的电场振荡方向与传播方向(z 轴方向)垂直,因此是横波。与静电波不同,电磁波的电场不是由电荷的非中性产生的,而是由磁场随时间的变化产生的。电磁波满足以下色散关系:

$$\omega^2 = c^2 k^2 + \omega_p^2 \tag{5.35}$$

对应的电磁波矢量垂直于电磁波的传播方向,且该波在满足 $\omega > \omega_p$ 条件时才存在,频率低于 ω_p 的波会在介质中快速衰退,波的相速度和群速度分别为

$$v_p = \frac{\omega}{k} = c \sqrt{1 + \frac{\omega_p^2}{c^2 k^2}}$$
$$v_g = \frac{\partial \omega}{\partial k} = c \frac{1}{\sqrt{1 + \frac{\omega_p^2}{c^2 k^2}}} \tag{5.36}$$

可以看出,群速度(相速度)要比光速小(大),且 $v_p v_g = c^2$。当波的频率高于等离子

体的振荡频率时,电磁波能在等离子体内传播,反之,电磁波不能在等离子体内传播,其会被反射。借助电离层反射无线电短波实现长距离通信就是一个例子。因此,等离子体振荡频率是临界频率,与电子密度有关,这也是电离层垂测仪探测电子密度的工作原理。调整垂测仪的发射频率,如果电磁波刚好被反射,则该频率即为该高度处的临界频率,由此就可以得到反射层高度处的电子密度的大小。

5.7 磁化冷等离子体中的波

考虑背景磁场和冷等离子体,忽略电子和离子之间的碰撞,假设没有背景电场($\vec{E}_0 = 0$),则电子和离子的动量方程为

$$\omega m_e n_0 \tilde{u}_e - i e n_0 (\tilde{E} + \tilde{u}_e \times \vec{B}_0) = 0$$
$$\omega m_i n_0 \tilde{u}_i + i e n_0 (\tilde{E} + \tilde{u}_i \times \vec{B}_0) = 0 \tag{5.37}$$

电子和离子的速度为

$$\tilde{u}_e = \frac{ie}{m_e} \frac{\Omega_e}{\Omega_e^2 - \omega^2} \left[\frac{\omega}{\Omega_e} \tilde{E} - \frac{\Omega_e}{\omega} (\tilde{E} \cdot \hat{b}) \hat{b} - i \tilde{E} \times \hat{b} \right]$$
$$\tilde{u}_i = -\frac{ie}{m_i} \frac{\Omega_i}{\Omega_i^2 - \omega^2} \left[\frac{\omega}{\Omega_i} \tilde{E} - \frac{\Omega_i}{\omega} (\tilde{E} \cdot \hat{b}) \hat{b} + i \tilde{E} \times \hat{b} \right] \tag{5.38}$$

其中,$\hat{b}$ 是磁场的单位矢量。假设背景磁场沿 z 轴方向,则电流密度可以表示为

$$\tilde{J} = e n_0 (\tilde{u}_i - \tilde{u}_e) = -i \omega \varepsilon_0 \begin{bmatrix} \varepsilon_1 - 1 & i\varepsilon_2 & 0 \\ -i\varepsilon_2 & \varepsilon_1 - 1 & 0 \\ 0 & 0 & \varepsilon_3 - 1 \end{bmatrix} \cdot \tilde{E} \tag{5.39}$$

其中,

$$\begin{cases} \varepsilon_1 = 1 + \frac{\omega_{pi}^2}{\Omega_i^2 - \omega^2} + \frac{\omega_{pe}^2}{\Omega_e^2 - \omega^2} \\ \varepsilon_2 = \frac{\Omega_e}{\omega} \frac{\omega_{pe}^2}{\Omega_e^2 - \omega^2} - \frac{\Omega_i}{\omega} \frac{\omega_{pi}^2}{\Omega_i^2 - \omega^2} \\ \varepsilon_3 = 1 - \frac{\omega_p^2}{\omega^2} \end{cases} \tag{5.40}$$

$\omega_{pe} = \sqrt{n_0 e^2 / \varepsilon_0 m_e}$ 和 $\omega_{pi} = \sqrt{n_0 e^2 / \varepsilon_0 m_i}$ 分别是电子和离子的等离子体频率,$\omega_p = \sqrt{\omega_{pi}^2 + \omega_{pe}^2}$ 是等离子体频率。

法拉第电磁感应定律为 $i\vec{k} \times \tilde{E} = i\omega \tilde{B}$,式子两侧叉乘 $\vec{k}$,可得

$$\vec{k} \times (\vec{k} \times \tilde{E}) = \omega \vec{k} \times \tilde{B} \tag{5.41}$$

再根据安培环路定律:

$$i\vec{k} \times \tilde{B} = -\frac{i\omega}{c^2} \tilde{E} + \mu_0 \tilde{J} \tag{5.42}$$

将式(5.39)代入式(5.42),整理可得

$$\begin{bmatrix} k^2 - k_0^2 \varepsilon_1 - k_x^2 & \mathrm{i} k_0^2 \varepsilon_2 - k_x k_y & -k_x k_z \\ -k_x k_y - \mathrm{i} k_0^2 \varepsilon_2 & k^2 - k_0^2 \varepsilon_1 - k_y^2 & -k_y k_z \\ -k_x k_z & -k_y k_z & k^2 - k_0^2 \varepsilon_3 - k_z^2 \end{bmatrix} \cdot \widetilde{E} = 0 \qquad (5.43)$$

其中, $k_0^2 = \dfrac{\omega^2}{c^2}$。因此可得到色散关系式为

$$\left[\frac{\omega^2}{c^2 k^2} \frac{1}{2} (\varepsilon_L + \varepsilon_R) \varepsilon_3 - \varepsilon_3 - \frac{\omega^2}{c^2 k^2} \varepsilon_L \varepsilon_R + \frac{1}{2} (\varepsilon_L + \varepsilon_R) \right] \cos^2 \theta$$

$$= \left[\frac{\omega^2}{c^2 k^2} \varepsilon_L \varepsilon_R - \frac{1}{2} (\varepsilon_L + \varepsilon_R) \right] \left[\frac{\omega^2}{c^2 k^2} \varepsilon_3 - 1 \right] \qquad (5.44)$$

其中, θ 是向量 $\vec{k}$ 和 $\vec{B}_0$ 的夹角, ε_L 和 ε_R 由以下方式确定: $\begin{cases} \varepsilon_L = \varepsilon_1 - \varepsilon_2 \\ \varepsilon_R = \varepsilon_1 + \varepsilon_2 \end{cases}$。这是在均匀磁场背景下,等离子体波在无碰撞、均匀的冷等离子体中传播的色散关系。这种色散关系也被称为阿普尔顿-哈特里方程。给定波数 $\vec{k}$ 和传播方向 θ,就可以计算波的频率 ω。理论上,凡是在磁化等离子体中传播的平面电磁波,其波矢和振幅之间就满足式(5.44)所示的色散关系式。阿普尔顿-哈特里方程有多组解,下面主要介绍垂直于和平行于磁力线传播的平面电磁波的解。

5.7.1 垂直传播的波

当电磁波的传播方向与外加磁场垂直($\vec{k} \perp \vec{B}_0$, $\theta = 90°$)时,式(5.43)可简化为

$$\begin{bmatrix} -\dfrac{\omega^2}{c^2} \varepsilon_1 & -\mathrm{i} \dfrac{\omega^2}{c^2} \varepsilon_2 & 0 \\ -\mathrm{i} \dfrac{\omega^2}{c^2} \varepsilon_2 & k^2 - \dfrac{\omega^2}{c^2} \varepsilon_1 & 0 \\ 0 & 0 & k^2 - \dfrac{\omega^2}{c^2} \varepsilon_3 \end{bmatrix} \cdot \widetilde{E} = 0 \qquad (5.45)$$

其中一种色散关系式为 $k = \dfrac{\omega}{c} \sqrt{\varepsilon_3}$,这与非磁化等离子体电磁波的色散关系式相同(称作寻常模)。这很容易理解,因为此模式的电场与背景磁场平行,磁场在平行方向上对电子没有洛伦兹力,效果同非磁化冷等离子体的相同。上述这种波是线偏振波。等离子体频率 ω_{pe} 为寻常模的截止频率,当波的频率大于等离子体频率时,该波可以在冷等离子体中传播。

方程的另一组色散关系式为 $k = \dfrac{\omega}{c} \sqrt{\dfrac{\varepsilon_1^2 - \varepsilon_2^2}{\varepsilon_1}}$, $\widetilde{E}_y = -\mathrm{i} \dfrac{\varepsilon_1}{\varepsilon_2} \widetilde{E}_x$,电场垂直于外加磁场(称作异常模)。当 $\dfrac{\varepsilon_1}{\varepsilon_2} > 0$ 时,这是一个右旋椭圆极化平面波,当 $\dfrac{\varepsilon_1}{\varepsilon_2} < 0$ 时,这是一个左旋椭圆极化平面波。异常模的截止频率对应的条件为 $\varepsilon_1 = \pm \varepsilon_2$,对应的截止频率为 $\omega_L = -\dfrac{\Omega_e}{2} + \sqrt{\dfrac{\Omega_e^2}{4} + \omega_{pe}^2}$ 和 $\omega_R = \dfrac{\Omega_e}{2} + \sqrt{\dfrac{\Omega_e^2}{4} + \omega_{pe}^2}$,只有高于截止频率的电磁波才能传播。达到共振频率的条件是 $k \to \infty$,即 $\varepsilon_1 = 0$,高混杂波和低混杂波的频率分别是: $\omega_{HH} =$

$\sqrt{\Omega_e^2 + \omega_{pe}^2}$ 和 $\omega_{LH} = \sqrt{\Omega_i \Omega_e}$。在高混杂波中，带电粒子的振荡除了受到静电恢复力的影响外，还受到磁场力的影响，因此，频率是两者共同作用的结果。在低混杂波中，离子和电子在磁场作用下都做回旋运动，由于要保持电中性，正负带电粒子相互影响，因此波的频率是两回旋频率的平均值。

5.7.2　平行传播的波

首先看沿磁力线传播的等离子体波（$\vec{k} \parallel \vec{B}_0$，$\theta = 0$ 或 π），这种情况下，电场垂直于磁场，式（5.43）可简化为

$$\begin{bmatrix} \dfrac{k^2}{k_0^2} - \varepsilon_1 & i\varepsilon_2 & 0 \\[2mm] -i\varepsilon_2 & \dfrac{k^2}{k_0^2} - \varepsilon_1 & 0 \\[2mm] 0 & 0 & -\varepsilon_3 \end{bmatrix} \cdot \widetilde{E} = 0 \tag{5.46}$$

这些方程描述了平行于磁力线传播的等离子体波的电场的振幅的三种解。存在非零解的条件是：

$$\begin{cases} \dfrac{k^2}{k_0^2} - \varepsilon_L = 0 \\[2mm] \dfrac{k^2}{k_0^2} - \varepsilon_R = 0 \\[2mm] \varepsilon_3 = 0 \end{cases} \tag{5.47}$$

其中，$\varepsilon_L = \varepsilon_1 - \varepsilon_2$，$\varepsilon_R = \varepsilon_1 + \varepsilon_2$。

其中某一波（$\varepsilon_3 = 0$）对应的色散关系式为 $\omega^2 = \omega_p^2$，称为朗缪尔振荡波（电子静电振荡波），与非磁化冷等离子体波类似。这是因为电场方向与背景磁场方向平行，带电粒子在平行于背景磁场方向上不受磁场力的作用，处于自由运动状态，与非磁化的情形类似。如上文所述，朗缪尔振荡局限于某个区域，波不能传播出去。

另外两个左旋和右旋圆极化高频电磁波的色散关系式为

$$\begin{cases} k_L = \dfrac{c}{\omega}\sqrt{\varepsilon_L} = \dfrac{c}{\omega}\sqrt{1 - \dfrac{\omega_p^2}{(\omega - \Omega_i)(\omega + \Omega_e)}}, & \widetilde{E}_x = -i\widetilde{E}_y \\[4mm] k_R = \dfrac{c}{\omega}\sqrt{\varepsilon_R} = \dfrac{c}{\omega}\sqrt{1 - \dfrac{\omega_p^2}{(\omega + \Omega_i)(\omega - \Omega_e)}}, & \widetilde{E}_x = i\widetilde{E}_y \end{cases} \tag{5.48}$$

左旋波的电场矢量的旋转方向与离子的回旋方向相同，故称为离子回旋波；而右旋波的电场矢量的旋转方向与电子的回旋方向相同，故称为电子回旋波。当式（5.48）中平方根下的表达式为负值时，波数为虚数，表示波会迅速衰减，这意味着左旋极化波在其频率低于离子回旋频率时存在，而右旋极化波只在其频率低于电子回旋频率时存在。当 $\omega = \Omega_e$ 和 $\omega = \Omega_i$ 时，波粒发生共振，电子或离子可从波中吸收大量能量（电子或离子回旋共振）。

需要注意的是，当 $\omega \geqslant \omega_1 = \dfrac{1}{2}\left[\sqrt{4\omega_p^2 + \Omega_e^2} - \Omega_e\right]$ 时（高频），左偏振波重新出现。当

$\omega \geqslant \omega_2 = \dfrac{1}{2} \left[\sqrt{4\omega_p^2 + \Omega_e^2} + \Omega_e \right]$ 时, 右偏振波也会出现。因此可以得到以下结论: 在 Ω_e 和 ω_1 之间, 不存在平行传播的电磁波, 在 Ω_i 和 Ω_e 之间只有右旋极化波(哨声波, 后面会详细介绍), 而在 ω_1 和 ω_2 之间只有左旋极化波。

平行传播模式的左旋、右旋圆极化平面波的相速度不同, 因此在传播一段距离后, 右旋和左旋圆极化平面波的相位改变量不同, 两波合成后的线极化波的极化方向不在原来的方向, 会发生偏转。因此, 随着传播距离的增加, 合成波的极化方向会围绕传播方向不断旋转, 这一现象称为法拉第旋转。

当频率远低于电子回旋频率但又远高于离子回旋频率时, 右旋偏振波又称为哨声波, 色散关系式为 $\omega = \dfrac{k^2 c^2 \Omega_e}{\omega_{pe}^2}$, 群速度为 $v_g = \dfrac{\mathrm{d}\omega}{\mathrm{d}k} = \dfrac{2c}{\omega_{pe}} \sqrt{\omega \Omega_e}$。由于高频部分的传播速度快于低频部分的, 所以人们接收到的是由高到低的类似哨声的信号。

在低频段(波的频率远低于离子回旋频率, $\omega \ll \Omega_i$), 平行传播的圆极化电磁波的色散关系式为

$$k_R = k_L = \pm k_0 \sqrt{1 + \dfrac{\omega_p^2}{\Omega_i \Omega_e}} \approx \pm \dfrac{\omega}{V_A} \tag{5.49}$$

波的相速度和群速度为

$$v_p = v_g = \dfrac{\omega}{k} = \pm \dfrac{c}{\sqrt{1 + \dfrac{c^2}{V_A^2}}} \tag{5.50}$$

由于 $V_A \ll c$, 所以 $v_p = v_g = V_A$。这一结果表明, 沿磁力线平行传播的低频电磁波是线性极化的($k_R = k_L$), 并且传播速度是阿尔文速度。

阿尔文在 1942 年从理论上提出了在等离子体导电流体中可产生沿磁场方向传播的低频电磁波。对于理想导电流体介质, 磁力线将随着流体移动。磁力线犹如张力作用下的弹性弦, 弹拨磁力线会产生沿磁力线方向传播的横波, 而与磁力线冻结在一起的流体也会因此产生横波, 其相速度为 $V_A = \dfrac{B_0}{\sqrt{\mu_0 \rho_{m0}}}$, 式中, μ_0 为流体的磁导率, ρ_{m0} 为流体密度, 这种横波就是阿尔文波。

地球磁层内广泛分布着许多不同类型、性质各异的等离子体波, 它们在地球空间环境中扮演着重要的角色, 对它们进行研究有助于分析质量和能量是如何从磁尾转移到等离子体层、电离层, 最后进入大气层的。内磁层中常见的等离子体波有哨声模合声波、哨声模嘶声波、电磁离子回旋波等。

哨声模合声波是一种频率范围为几百赫兹至几千赫兹的右旋极化电磁波, 其传播方向与背景磁场近似平行。合声波的波功率在约 $0.5\Omega_e$(Ω_e 为电子回旋频率)处最小, 其频谱被分隔为上频带和下频带。合声波最早在地面上被观测到。合声波主要在地磁扰动条件下被观测到, 其源区位于磁赤道附近的等离子体层外, 与从等离子体片注入的低能电子通量增强有关。统计学研究表明, 夜侧合声波纬度分布限于赤道 $\pm 15°$ 的范围内, 在 $3R_e < L < 7R_e$ 的区域内最强, 在午夜前至黎明扇区达到峰值, 而日侧合声波可传

播到更高纬度,在黄昏至午前扇区,L 在 $7\sim8R_e$ 的区域达到峰值。合声波在辐射带动力学中起着重要作用。通过回旋共振作用,合声波可以将辐射带电子加速到几 MeV,并将等离子体片电子散射到几 keV 至几十 keV,从而导致电子沉降到地球高层大气中,合声波造成的投掷角散射很大程度上导致了弥散极光和脉动极光的形式,而且合声波可能是等离子体层嘶声的来源。

哨声模嘶声波是一种无结构、非相干、自然产生的右旋极化哨声模电磁波,频率在 100 Hz 到 2 kHz 的范围内。哨声模嘶声波通常在等离子体层顶内和日侧等离子体羽流内的高密度区域被观察到,因此也称为等离子体嘶声,其峰值位于午后扇区。等离子体嘶声的波功率具有明显的地方时不对称性:白天的波功率比夜间的大一个数量级。即使是在地磁平静期,嘶声波也广泛分布于等离子体层中,幅值在 10 pT 左右;在地磁扰动条件下,嘶声波强度增大,幅值可高达 100 pT。等离子体嘶声的激发机制包括来源于等离子体层顶外的合声波传播进入等离子体层顶,亚暴期间从等离子体片注入内磁层的电子各向异性分布从而引起局部不稳定,以及从电离层波导泄漏的闪电产生的哨声。辐射带中的高能电子与等离子体嘶声共振,高能电子投掷角散射,电子进入损失锥,然后沉降到大气中,这是导致辐射带槽区形成的主要因素,等离子体嘶声也会导致磁暴期间产生的相对论电子(>1 MeV)通量逐渐衰减。

电磁离子回旋波(EMIC 波)为超低频左旋电磁波,频率范围为 $0.1\sim5$ Hz,通常由高能($10\sim100$ keV)且各向异性(垂直温度大于平行温度)的离子与稠密冷离子相互作用产生,高能离子提供离子回旋不稳定性所需的自由能,而稠密冷离子可以增加对流增长率。等离子体的成分和密度决定了 EMIC 波的发生频率:H 波的频率位于 H^+ 和 He^+ 的回旋频率之间,He 波的频率位于 He^+ 和 O^+ 的回旋频率之间,O 波的频率低于 O^+ 的回旋频率。磁层 EMIC 波主要发生在 03:00$\sim$20:00 磁地方时(MLT)扇区,L 值范围为 $2\sim13R_e$,且 H^+、He^+、O^+ 带 EMIC 波的峰值发生区域不尽相同。

EMIC 波在磁层粒子动力学过程中扮演了重要角色。通过波-粒相互作用,EMIC 波能增强离子垂直动能(即增加磁镜力),从而驱使离子外流;EMIC 波与环电流质子发生共振作用,导致质子投掷角扩散入损失锥,致使环电流快速衰减;EMIC 波通过波-粒相互作用引发辐射带相对论高能电子沉降进入大气层,导致辐射带相对论电子损失。磁层中的冷等离子体中的重离子会对 EMIC 波的产生和传播产生深远的影响,最显著的特征就是重离子会形成阻带。热重粒子也能够调节 EMIC 波的生长。

EMIC 波在磁层的发生率与磁地方时有关。EMIC 波倾向于发生在白天时段,在黄昏扇区附近比在正午扇区附近的发生率更高。随着地磁活动的增强,EMIC 波发生率的峰值从午前转至午后,且不同波段 EMIC 波的发生率峰值出现在不同的磁地方时。以往的研究利用近地轨道卫星的磁场观测数据,对电离层 EMIC 波的地方时分布规律进行探究,发现从磁层入射电离层的 EMIC 波在磁静期主要发生在上午扇区,而在地磁扰动期间,主要集中发生在昏侧和夜晚。

电离层 EMIC 波与地磁活动紧密相关,磁暴强度越大,持续时间越长,EMIC 波数量越多。暴前平静期,太阳风动压对昏侧 EMIC 波有重要影响。在磁暴主相期间,磁尾高能离子的注入为 EMIC 波的产生提供能量,波事件主要出现在昏侧;而在恢复相期间,环电流与等离子体羽状结构的交叠促进了 EMIC 波的发生,晨侧成为其高发区域,即昏侧波的发生时间要早于晨侧波的。这意味着随着磁暴的演化,EMIC 波的峰值发生率呈现西向漂移的趋势。这与等离子体层羽状结构的东向漂移,以及磁尾高能粒子注入之后的西向漂移有关。亚暴活动的增强也会使得 EMIC 波的峰值发生率从晨侧移向昏侧。南大西洋异常区是 EMIC 波的高发区域,与该地地磁场较弱引起的漂移壳分裂过程和阿尔文速度有关。

当磁层 EMIC 波入射到电离层后,可在电离层波导中沿水平方向长距离传播数千千米。大尺度 EMIC 波(横、纵波)的空间分布特性与磁暴和亚暴密切相关。电离层空间大尺度 EMIC 波在南大西洋异常区和北半球西部具有较高的发生率和较长的传播距离,且主要分布于 02-10 MLT 扇区。横波和纵波的发生率均随着亚暴强度的增加而增大,亚暴较弱时,日侧的发生率更高;亚暴较强时,夜侧的发生率更高。日侧部分的横波和纵波位于中纬槽外较低纬度的区域(等离子体层内);夜侧部分的横波位于中纬槽赤道侧边界处,部分纵波可以到达中纬槽内部。波导中较高的电子密度有利于 EMIC 波的子午向远距离传播,在电子密度较高的区域,EMIC 波更倾向于以纵波的形式传播。

当 EMIC 波从磁层源区传播到电离层时,剪切横波转换为压缩纵波。因为等离子体的运动受控于地磁场,电离层电子密度可能出现同步振荡。约三分之一的 EMIC 纵波伴随着电离层电子密度振荡,且磁暴主相期间的电子密度振荡事件的发生率要高于恢复相期间的。电子密度波动与 EMIC 纵波的时空分布较为相似,主要发生在晨侧和南大西洋异常区域,其经度分布特征与漂移壳分裂效应同阿尔文速度减弱有关。在不同的地磁活动环境及不同的磁暴相位下,电子密度波动呈现出明显的地方时差异。随着地磁活动的增强,电子密度波动的峰值发生率表现出西向漂移的趋势。电子密度波动与 EMIC 纵波的相对幅值比主要受阿尔文速度的影响,两者的振荡相位呈现高相干性。电离层 EMIC 纵波伴随高能质子沉降,由此导致电离层 F 层电子密度的增强。

5.8 磁流体力学波

如果忽略所有耗散,即考虑一种无黏性、无热导和具有无限电导率的理想导电流体低频波(即忽略电子的运动,只考虑离子的运动)。设密度 ρ_0 和压强 p_0 为常数,$\vec{u}_0=0$,背景磁场为常数,指向 z 轴正方向,则线性 MHD 方程为

$$-\omega\tilde{\rho}+\rho_0(\vec{k}\cdot\tilde{\vec{u}})=0$$
$$-\omega\rho_0\tilde{\vec{u}}+\vec{k}\tilde{p}+\frac{B_0}{\mu_0}\tilde{B}_z\vec{k}-\frac{B_0}{\mu_0}k_z\tilde{\vec{B}}=0$$
$$-\frac{3}{2}\omega\tilde{p}+\frac{5}{2}p_0(\vec{k}\cdot\tilde{\vec{u}})=0 \tag{5.51}$$
$$-\omega\tilde{\vec{B}}+(\vec{k}\cdot\tilde{\vec{u}})\vec{B}_0-(\vec{B}_0\cdot\vec{k})\tilde{\vec{u}}=0$$

整理后可以得到下列色散关系式:

$$\omega(\omega^2 - k^2 V_A^2 \cos^2\theta)[\omega^4 - \omega^2 k^2 (v_s^2 + V_A^2) + v_s^2 V_A^2 k^4 \cos^2\theta] = 0 \qquad (5.52)$$

其中，θ 是背景磁场 $\vec{B}_0$ 和波矢量 $\vec{k}$ 之间的夹角，$v_s^2 = 5p_0/3\rho_0$ 是声速的平方，$V_A = \dfrac{B_0}{\sqrt{\mu_0 \rho_{m0}}}$ 是阿尔文速度。MHD 波的色散关系式描述了几种不同类型的波。斜阿尔文波、快电磁波、慢电磁波（±符号对应快电磁波和慢电磁波）的相速度分别为

$$v_{pa}^2 = V_A^2 \cos^2\theta$$

$$v_{pf}^2 = \frac{1}{2}\left[(v_s^2 + V_A^2) + \sqrt{(v_s^2 + V_A^2)^2 - 4v_s^2 V_A^2 \cos^2\theta}\right]$$

$$v_{ps}^2 = \frac{1}{2}\left[(v_s^2 + V_A^2) - \sqrt{(v_s^2 + V_A^2)^2 - 4v_s^2 V_A^2 \cos^2\theta}\right]$$

可以看出，$v_{ps}^2 \leqslant v_{pa}^2 \leqslant v_{pf}^2$。

考虑两种特殊情况，即波的传播方向和磁场方向平行或垂直。

（1）如果 $\vec{k} \parallel \vec{B}_0$，$\theta = 0$ 或 π，则波为沿着磁力线传播的波，斜阿尔文波的波速为阿尔文速度，这是空间中最重要的波动之一。

若 $v_s < V_A$，则 $v_{pf} = V_A$，$v_{ps} = a_s$；若 $v_s > V_A$，则 $v_{pf} = a_s$，$v_{ps} = V_A$。

（2）如果 $\vec{k} \perp \vec{B}_0$，$\theta = \pi/2$，则 $v_{pa} = v_{ps} = 0$，则慢电磁波和斜阿尔文波消失，$v_{pf} = \sqrt{V_A^2 + v_s^2}$，对应的波为磁声波，其为纵波。

也就是说，当波的传播方向与磁场方向平行时，斜阿尔文波的波速为阿尔文速度，而慢电磁波和快电磁波中的一个波的波速是声速，另一个波的波速是阿尔文速度。当波的传播方向与磁场方向垂直时，仅存在快电磁波。这个结论仅适用于低频情况，即波的频率 ω 远小于离子回旋频率的情况。

思考题

（1）推导磁声波的相速度和群速度。

（2）考虑未磁化的均匀冷等离子体，等离子体在波矢量 $\vec{k}$ 方向上以恒定速度 u_0 运动，试推导朗缪尔波的色散关系式。

（3）请分析磁化和非磁化等离子体波动的区别和联系。

（4）波的相速度和群速度分别是什么量的传播速度？哪个速度代表电磁波的能量传播速度？

（5）磁化等离子体的介电常数为张量，试分析是什么原因使其具有张量结构的特点的？

6

波粒相互作用

6.1 波粒相互作用的基本理论

等离子体中的波动色散关系描述了波在传播时波矢量与波动频率之间的变化，反映了波动的时间周期与空间周期之间的依赖性，其描述了波动的最基本关系。本节将首先介绍等离子体中的波动色散关系，然后介绍波动和粒子发生作用的基本机制。

6.1.1 波动的色散关系

等离子体的波动色散关系从麦克斯韦方程组出发：

$$\nabla \times \vec{E} = -\frac{\partial \vec{B}}{\partial t} \tag{6.1}$$

$$\nabla \times \vec{B} = \mu_0 \vec{j} + \varepsilon_0 \mu_0 \frac{\partial \vec{E}}{\partial t} \tag{6.2}$$

$$\nabla \times \vec{E} = \rho / \varepsilon_0 \tag{6.3}$$

$$\nabla \cdot \vec{B} = 0 \tag{6.4}$$

其中，$\vec{j}$ 表示极化电流，宏观上以粒子速度 $\vec{v}_s$ 表示：

$$\vec{j} = \sum_s \vec{j}_s = \sum_s n_s q_s \vec{v}_s \tag{6.5}$$

其中，n_s 和 q_s 表示第 s 种粒子的数密度和电量。因此，式(6.2)又可以改写为

$$\nabla \times \vec{B} = \varepsilon_0 \mu_0 \frac{\partial \vec{D}}{\partial t} \tag{6.6}$$

其中，$\vec{D}$ 表示电位移张量，$\varepsilon_0 \mu_0 = 1/c^2$。

对麦克斯韦方程组进行傅里叶变换后，结合平面波假设，可以得到波动方程为

$$\vec{k} \times (\vec{k} \times \vec{E}) + \frac{\omega^2}{c^2} \varepsilon \cdot \vec{E} = 0 \tag{6.7}$$

其中,ε 表示介电张量,引入折射指数 $\vec{n}=\vec{k}c/\omega$,$\vec{n}$ 的大小表示光速和波动相速度大小之比,方向表示波动的传播方向。式(6.7)可以简化为

$$\vec{n}\times(\vec{n}\times\vec{E})+\varepsilon\cdot\vec{E}=0 \tag{6.8}$$

假设波动的传播方向位于 x-z 平面,背景磁场沿 z 方向,利用波动的传播角 θ 可以将式(6.8)改写为

$$\begin{pmatrix} \varepsilon_{xx}-n^2\cos^2\varphi & \varepsilon_{xx} & \varepsilon_{xx}+n^2\cos\varphi\sin\varphi \\ \varepsilon_{yx} & \varepsilon_{yy}-n^2 & \varepsilon_{yz} \\ \varepsilon_{zx}+n^2\cos\varphi\sin\varphi & \varepsilon_{zy} & \varepsilon_{zz}-n^2\sin^2\varphi \end{pmatrix}\begin{pmatrix} E_x \\ E_y \\ E_z \end{pmatrix}=0 \tag{6.9}$$

可以发现,求解波动色散关系的关键在于对介电张量 ε 的求解。

在冷且无碰撞的等离子体条件下,第 s 种粒子在电磁场中的运动方程可以表示为

$$n_s m_s \frac{\mathrm{d}\vec{v}_s}{\mathrm{d}t}=n_s m_s\left(\frac{\partial\vec{v}_s}{\partial t}+\vec{v}_s\cdot\nabla\vec{v}_s\right)=n_s q_s\left(\vec{E}+\frac{\vec{v}_s}{c}\times\vec{B}\right)-\nabla\cdot\vec{\Phi}_s \tag{6.10}$$

其中,m_s 表示第 s 种粒子的质量,$\vec{\Phi}_s$ 为流体压力张量。由于在冷等离子体中,$\vec{\Phi}_s$ 的大小为 0,等式两边的 n_s 可以相互抵消,因此式(6.10)可以化简为

$$m_s\frac{\mathrm{d}\vec{v}_s}{\mathrm{d}t}=q_s\left(\vec{E}+\frac{\vec{v}_s}{c}\times\vec{B}\right) \tag{6.11}$$

假设背景磁场、密度和等离子体的组成成分在时间上不变、有限,且在空间上分布均匀,式(6.11)经傅里叶变换后可表示为

$$-\mathrm{i}\omega m_s\vec{v}_s=q_s\left(\vec{E}+\frac{\vec{v}_s}{c}\times\vec{B}_0\right) \tag{6.12}$$

结合式(6.5)和式(6.12)可以得到冷等离子体介电张量 $\vec{\varepsilon}_{\text{cold}}$ 为

$$\vec{\varepsilon}_{\text{cold}}=\begin{pmatrix} S & -\mathrm{i}D & 0 \\ \mathrm{i}D & S & 0 \\ 0 & 0 & P \end{pmatrix} \tag{6.13}$$

其中,

$$S=\frac{1}{2}(R+L), \quad D=\frac{1}{2}(R-L) \tag{6.14}$$

$$R=1-\sum_s\frac{\omega_{ps}^2}{\omega(\omega+\Omega_s)} \tag{6.15}$$

$$L=1-\sum_s\frac{\omega_{ps}^2}{\omega(\omega-\Omega_s)} \tag{6.16}$$

$$P=1-\sum_s\frac{\omega_{ps}^2}{\omega^2} \tag{6.17}$$

这里的 $\omega_{ps}^2=\frac{n_s q_s^2}{\varepsilon_0 m_s}$ 和 $\Omega_s=\frac{q_s B_0}{m_s}$ 分别为第 s 种粒子的等离子体频率和回旋频率。结合式(6.13)可以将式(6.9)写为

$$D(\omega,\vec{k})=An^4+Bn^2+C \tag{6.18}$$

其中,

$$A = S\sin^2\varphi + P\cos^2\varphi \tag{6.19}$$

$$B = RL\sin^2\varphi + PS(1 + \cos^2\varphi) \tag{6.20}$$

$$C = PRL \tag{6.21}$$

求解式(6.18)可得

$$n^2 = \frac{B \pm F}{2A} \tag{6.22}$$

其中,$F^2 = (RL - PS)^2\sin^4\theta + 4P^2D^2\cos^2\theta$。当 $\theta = 0$ 时,波为平行传播的,可得到 $n^2 = R$ 和 $n^2 = L$,分别对应右旋和左旋极化波动的色散关系。

6.1.2　波粒共振作用的基本关系

波动可以通过共振作用影响内磁层粒子。与粒子的三种绝热不变量对应,粒子与波动共振作用的基本关系主要有三种机制,分别为回旋共振、弹跳共振和漂移共振。

多普勒频移下的电磁波与带电粒子的回旋共振的基本条件为

$$\omega - k_{\parallel}v_{\parallel} = N\Omega_e/\gamma \tag{6.23}$$

其中,ω 表示波动频率;$k_{\parallel} = k\cos\theta$ 表示波数 k 平行于背景磁场的分量,θ 为波传播角;$v_{\parallel} = v\cos\alpha$ 表示粒子速度 v 平行于背景磁场的分量,α 为粒子投掷角;$\Omega_e = |qB_0/m_0|$ 是粒子的回旋频率,$\gamma = (1 - v^2/c^2)^{-1/2}$ 为洛伦兹因子,其中,c 表示真空中的光速,N 为共振阶数。当 $N = 0$ 时,表示波动和粒子之间发生朗道共振,当 $N = \pm 1, \pm 2, \pm 3, \cdots$ 时表示波动和粒子之间发生回旋共振。

当波动频率为粒子弹跳频率的整数倍时,波动会通过弹跳共振破坏粒子的第二绝热不变量,从而对粒子的状态造成不可逆的变化。弹跳共振的基本条件为

$$\omega = l\omega_b \tag{6.24}$$

其中,l 表示弹跳共振的共振阶数,ω_b 为粒子的弹跳频率。

波动和粒子之间还可能发生漂移共振,漂移共振的条件为

$$\omega = m\omega_d \tag{6.25}$$

其中,m 表示漂移共振的共振阶数,ω_d 为粒子的漂移频率。

6.2　研究波粒相互作用的重要方法

在地球辐射带中,波动和带电粒子间的能量转化,即波粒相互作用,在辐射带波动和带电粒子的时空变化规律中扮演着重要角色。目前,常用于研究地球辐射带中波粒相互作用的方法包括准线性扩散理论、试验粒子模拟和粒子云模拟。本节将对上述三种方法的基本原理进行简要介绍。

6.2.1　准线性扩散理论

1966 年,Kennel 和 Engelmann 基于小波幅、非相干的假设,推导出在共振条件下

波粒相互作用中波动对电子的作用可以被认为是扩散过程,该理论即为准线性(扩散)理论。在准线性理论中,波动作用下带电粒子的扩散过程可由二维 Fokker-Planck 方程描述:

$$\frac{\partial f}{\partial t}=\frac{1}{G}\frac{\partial}{\partial \alpha_{eq}}G\left(\langle D_{\alpha_{eq}\alpha_{eq}}\rangle\frac{\partial f}{\partial \alpha_{eq}}+p\langle D_{\alpha_{eq}p}\rangle\frac{\partial f}{\partial p}\right)+\frac{1}{G}\frac{\partial}{\partial p}G\left(p\langle D_{p\alpha_{eq}}\rangle\frac{\partial f}{\partial \alpha_{eq}}+p2\langle D_{pp}\rangle\frac{\partial f}{\partial p}\right)$$

(6.26)

其中,f 代表电子的相空间密度,$G=p^2S(\alpha_{eq})\sin\alpha_{eq}\cos\alpha_{eq}$,$\langle D_{\alpha_{eq}\alpha_{eq}}\rangle$、$\langle D_{\alpha_{eq}p}\rangle=\langle D_{p\alpha_{eq}}\rangle$ 和 $\langle D_{pp}\rangle$ 代表波动对带电粒子的弹跳平均散射系数。

在计算波动对电子的散射系数时,需要先求出波动磁场功率谱密度 $B^2(\omega)$、背景磁场强度 B_0、等离子体密度 N_e 和传播角模型 $g_\omega(\Psi)$,其中,ω 和 Ψ 分别代表波动频率和波传播角。基于波动磁场功率谱密度和传播角模型,对任一频率和传播角而言,波动强度 B_ω^2 可以定义为

$$|B_\omega|^2=B^2(\omega)g_\omega(\Psi)$$

(6.27)

由此,准线性理论下,波动对带电粒子的局地散射系数为

$$\frac{D_{\alpha\alpha}}{p^2}=\frac{\omega_{ce}}{\gamma^2}\frac{B_\omega^2}{B_0^2}\sum_{n_{res}=-\infty}^{+\infty}\sum_\omega D_{\alpha\alpha}^{n_{res}}$$

(6.28)

$$\frac{D_{\alpha p}}{p^2}=\frac{D_{\alpha\alpha}}{p^2}\frac{\sin\alpha\cos\alpha}{-\sin^2\alpha+n_{res}\omega_{ce}/\omega\gamma}$$

(6.29)

$$\frac{D_{\alpha p}}{p^2}=\frac{D_{\alpha\alpha}}{p^2}\left(\frac{\sin\alpha\cos\alpha}{-\sin^2\alpha+n_{res}\omega_{ce}/\omega\gamma}\right)^2$$

(6.30)

其中,n_{res} 代表多普勒频移回旋共振的共振阶数,n_{res} 为整数;B_ω^2 为 ω 和 Ψ 的函数,ω 和 Ψ 满足多普勒频移回旋共振条件:

$$\omega-k_\parallel v_\parallel=\omega-k\cos\Psi v\cos\alpha=n_{res}\frac{\omega_{ce}}{\gamma}$$

(6.31)

此外,式(6.28)中的 $D_{\alpha\alpha}^{n_{res}}$ 满足

$$D_{\alpha\alpha}^{n_{res}}=\int_{\Psi_{min}}^{\Psi_{max}}\sin\Psi d\Psi\Delta_{n_{res}}G_1G_2$$

(6.32)

$$\Delta_{n_{res}}(\omega,\Psi)=\frac{\pi}{2}\frac{\sec\Psi}{|v_\parallel/c|^3}\Psi_{n_{res}}^2\frac{(-\sin^2\alpha+n_{res}\omega_{ce}/\omega\gamma)^2}{\left|1-\left(\frac{\partial\omega}{\partial k_\parallel}\right)_\Psi/v_\parallel\right|}$$

(6.33)

$$G_1(\omega)=\frac{\omega_{ce}B^2(\omega)}{\int_{\omega_{lc}}^{\omega_{uc}}B^2(\omega')d\omega'},\quad G_2(\omega,\Psi)=\frac{g_\omega(\Psi)}{N'(\omega)}$$

(6.34)

$$N'(\omega)=\int_{\Psi_{min}}^{\Psi_{max}}d\Psi'\sin\Psi'\Gamma g_\omega(\Psi),\quad \Gamma=n^2\left|n+\omega\frac{\partial n}{\partial \omega}\right|$$

(6.35)

$$|\Psi_{n_{res}}|^2=\left[\frac{\sin^2\Psi-P}{2}\left(\frac{n^2-L}{n^2-S}J_{n_{res}+1}+\frac{n^2-R}{n^2-S}J_{n_{res}-1}\right)+\cot\alpha\sin\Psi\cos\Psi J_{n_{res}}\right]^2$$

$$\times\left[\left(\frac{D}{n^2-S}\right)^2\left(\frac{n^2\sin^2\Psi-P}{n^2}\right)^2+\left(\frac{P\cos\Psi}{n^2}\right)^2\right]^{-1}$$

(6.36)

其中,$J_{n_{res}\pm1}$ 和 $J_{n_{res}}$ 代表第一类贝塞尔函数,下标 $n_{res}\pm1$ 和 n_{res} 代表相应贝塞尔函数的

阶数,贝塞尔函数的自变量为 $k_\perp p_\perp/m\omega_{ce}$;$\omega_{lc}$ 为波动下截止频率,ω_{uc} 为波动上截止频率。

考虑到电子在磁镜点间做弹跳运动,需要将局地散射系数沿着电子弹跳路径进行平均,即为弹跳平均散射系数。在地偶极子磁场假设下,弹跳平均散射系数与局地散射系数的转换公式为

$$\langle D_{\alpha\alpha}\rangle = \frac{1}{S(\alpha_{eq})}\int_0^{\lambda_m} D_{\alpha\alpha}(\alpha)\frac{\cos\alpha\cos^7\lambda}{\cos^2\alpha_{eq}}d\lambda \tag{6.37}$$

$$\langle D_{\alpha p}\rangle = \langle D_{p\alpha}\rangle = \frac{1}{S(\alpha_{eq})}\int_0^{\lambda_m} D_{\alpha p}(\alpha)\frac{\sin\alpha\cos^7\lambda}{\sin\alpha_{eq}\cos\alpha_{eq}}d\lambda \tag{6.38}$$

$$\langle D_{pp}\rangle = \frac{1}{S(\alpha_{eq})}\int_0^{\lambda_m} D_{pp}(\alpha)\frac{\sin^2\alpha\cos^7\lambda}{\sin^2\alpha_{eq}\cos\alpha}d\lambda \tag{6.39}$$

其中,$S(\alpha_{eq})\cong 1.30-0.56\sin\alpha_{eq}$ 代表电子归一化的弹跳周期,λ_m 代表磁镜点磁纬度;此外,在地偶极子磁场中,电子的赤道投掷角与局地投掷角的关系为

$$\frac{\sin^2\alpha}{\sin^2\alpha_{eq}} = \frac{B_\lambda}{B_{eq}} = \frac{\sqrt{1+3\sin^2\lambda}}{\cos^6\lambda} \tag{6.40}$$

6.2.2 试验粒子模拟

尽管准线性扩散理论被广泛用于研究空间中波动和带电粒子的共振作用,但是,由于准线性理论宽频、小波幅和非相干的假设,该理论无法准确描述幅值较强或频谱有相干特征的波动与电子的非线性作用,或波粒作用中的非共振作用。由此,研究者们将试验粒子模拟方法用于研究波粒相互作用中的非线性作用或非共振作用。

带电粒子在电磁场中的运动可由相对论条件下的全洛伦兹方程描述,即

$$\frac{d}{dt}(\gamma m\vec{v}) = q(\vec{E}+v\times\vec{B}) \tag{6.41}$$

其中,m 为带电粒子的静质量,q 代表带电粒子的带电量,$\vec{v}$ 为电子的速度矢量,$\gamma = 1/\sqrt{1-(v/c)^2}$ 为洛伦兹因子,c 为真空中的光速,$\vec{E}$ 代表电场强度,$\vec{B}$ 代表磁场强度。电场和磁场一般可分为背景磁场($\vec{B}_0$)和背景电场($\vec{E}_0$)、波动磁场($\vec{B}_\omega$)和波动电场($\vec{E}_\omega$)。

在研究地球辐射带的波粒相互作用时,常令背景电场 $\vec{E}_0=0$,将背景磁场设置为偶极子背景磁场,以模拟地磁场的情况。为了方便在模拟中加入等离子体波动,在试验粒子模拟中,设定背景磁场在笛卡儿坐标系下满足 $\vec{B}_0 = B_{0x}\vec{e}_x + B_{0y}\vec{e}_y + B_{0z}\vec{e}_z$。在该坐标系下,设定 z 轴正方向为沿磁力线指北的方向,使得偶极子磁场中的磁力线曲率为 0。由此,B_{0z} 仅为 z 的函数,z 代表空间中任意位置到磁赤道面的距离。

在此基础上,为了模拟空间中存在的任一波模的非相干宽频等离子体波动,我们在模拟中将宽频波拆分为 N 支单频的平面波(N 为正整数),即

$$\vec{B}_\omega = \sum_{i=1}^N \vec{B}_\omega^i, \quad \vec{E}_\omega = \sum_{i=1}^N \vec{E}_\omega^i \tag{6.42}$$

其中，i 为序号，$i=1,2,3,\cdots,N$。对于第 i 支平面波，其频率为 $\omega_i=\omega_{lc}+(i-1)\mathrm{d}\omega$，$\mathrm{d}\omega=(\omega_{uc}-\omega_{lc})/(N-1)$，$\omega_{uc}$ 和 ω_{lc} 分别代表等离子体波动的上截止频率和下截止频率。在模拟中，不同频率的平面波幅度由观测数据得到的波动模型或者理论上的波动模型确定，对于第 i 支平面波，其磁场总波幅为 $B_\omega=\sqrt{\mathrm{d}\omega\cdot I_B(\omega_i)}$，其中，$I_B$ 代表波动模型的磁场功率谱密度。对于已知频率 ω_i 的第 i 支平面波，结合第 6.1.1 节中冷等离子体假设下波动的色散关系，可以以如下形式构建波动：

$$\vec{B}_\omega^i=\vec{e}_x B_{\omega x}^i\cos\varphi_i+\vec{e}_y B_{\omega y}^i\sin\varphi_i+\vec{e}_z B_{\omega z}^i\cos\varphi_i \tag{6.43}$$

$$\vec{E}_\omega^i=\vec{e}_x E_{\omega x}^i\sin\varphi_i+\vec{e}_y E_{\omega y}^i\cos\varphi_i+\vec{e}_z E_{\omega z}^i\sin\varphi_i \tag{6.44}$$

其中，$B_{\omega x}^i$、$B_{\omega y}^i$、$B_{\omega z}^i$、$E_{\omega x}^i$、$E_{\omega y}^i$、$E_{\omega z}^i$ 分别对应第 i 支平面波的磁场和电场三分量，$\varphi_i=\int\vec{k}_i\cdot\mathrm{d}\vec{r}-\omega_i t+\varphi_{i0}$ 为第 i 支平面波在位置 $\vec{r}$ 处的相位，$\vec{k}_i$ 为第 i 支平面波的波束矢量，φ_{i0} 为第 i 支平面波的初始相位。由于宽频波动的非相干性质，对于不同 i 对应的 φ_{i0}，可以选择随机数生成的方式得到不同频率的初始相位。

通过模拟带电粒子在波动作用下的状态改变，可以得到波动对带电粒子的散射系数，根据散射系数的定义，波动对带电粒子的散射系数为

$$\langle D_{\alpha\alpha}\rangle=\langle(\Delta\alpha_{eq})^2\rangle/2t$$

$$\langle D_{\alpha E}\rangle=\langle(\Delta\alpha_{eq}\cdot\Delta E/E_0)\rangle/2t$$

$$\langle D_{EE}\rangle=\langle(\Delta E/E_0)^2\rangle/2\tau_b$$

其中，

$$\Delta\alpha_{eq}\equiv\alpha_{eq}(t)-\langle\alpha_{eq}(t)\rangle \tag{6.45}$$

$$\Delta E\equiv E(t)-\langle E(t)\rangle \tag{6.46}$$

其中，$<\cdots>$ 代表对试验粒子取平均，t 为粒子的运动时间，$\alpha_{eq}(t)$ 和 $E(t)$ 分别代表带电粒子在 t 时刻的赤道投掷角和能量。

数值求解式(6.41)常采用两种方法。第一种方法：考虑带电粒子在磁场中会环绕磁力线进行回旋运动，可以将波动对带电粒子的力在带电粒子的回旋运动上进行平均，得到回旋平均的试验粒子模拟方法，从而大幅度减少试验粒子模拟方法所需的计算量，然而，该方法仅能衡量单一波模、单频波作用下的带电粒子运动。第二种方法：等数值方法，直接得到带电粒子的运动轨迹，该方法可以模拟宽频波对带电粒子的作用，但是计算量远远高于第一种方法。

6.2.3　粒子云模拟

在空间等离子体中观察到的波粒相互作用的自然现象往往是高度非线性的。从航天器观测中获得的等离子体参数数据在空间和时间上是有限的，因为它们只能在航天器的有限轨道上获得，很难区分这些数据显示的是空间变化还是时间变化。同时，由于空间等离子体的非线性和非均匀性，理论研究不能充分解释空间等离子体中的现象。在 20 世纪 60 年代末和 70 年代初，计算机模拟已应用于空间等离子体物理研究。计算

机模拟的作用是在理论和实验/观测这两种传统方法之间架起一座桥梁。基于计算机技术在 CPU 速度和内存容量方面的快速发展,计算机模拟现在被广泛认为是研究空间等离子体中非线性波粒相互作用的重要手段。空间等离子体的宏观物理过程研究一般采用磁流体动力学代码,其中,电子和离子都被视为流体。采用混合代码研究介观过程时,电子被视为流体,而离子被视为单个粒子。研究微观物理过程,如空间等离子体中的波粒相互作用,往往采用粒子云网格法。在粒子云模拟中,麦克斯韦方程和带电粒子运动方程以自洽的方式求解,可以跟踪大量带电粒子在电磁场中的运动。将电子和离子作为单独的带电粒子处理,可以研究发生在电子德拜长度的空间尺度和电子等离子体周期的时间尺度上的微观动力学问题。

一种自然的描述等离子体的方法是直接求解等离子体中所有粒子的受力,但这种方法并不可行。等离子体中粒子数目极大,这就导致直接求解粒子受力的计算开销是不可接受的。粒子云网格法避免了直接求解每个粒子的受力,而是将有限数目的空间格点处的电磁场与粒子运动相耦合。同时,模拟中的粒子并不是真实的单个粒子,而是将运动状态接近的许多粒子视为一个整体的"宏粒子"。粒子云网格法通过以上两种手段大大降低了求解的计算需求。

从数学角度看,粒子云网格法是通过相空间采样来求解描述等离子体分布函数演化的弗拉索夫方程。与麦克斯韦方程组结合的弗拉索夫方程可以被表示为如下形式:

$$\frac{\partial f}{\partial t} + \vec{v} \cdot \frac{\partial f}{\partial \vec{x}} + \frac{q}{m}(\vec{E} + \vec{v}/c \times \vec{B}) \cdot \frac{\partial f}{\partial \vec{v}} = 0 \tag{6.47}$$

该方程在数学上是一个双曲守恒(指相空间体积守恒)方程。对上述方程直接模拟会受到诸多限制,比如必须在六维网格上进行求解。这些限制导致弗拉索夫方程(直接对弗拉索夫方程进行数值求解的方法)有巨大的计算开销。通常来说,在很特殊的情况下才会使用弗拉索夫方程,比如要求低数值噪声。

为了避免求解完整分布函数的弗拉索夫方程,我们可以对相空间进行采样。刘维尔定理表明,相空间体积样本恒定的条件下,相空间体积样本的运动可以被单个粒子的运动代替。这里的单个粒子并非单独的某种物理粒子,而是状态接近的一团粒子,这些粒子在演化过程中一直保持在一起。对相空间进行采样的体系有两种:欧拉体系和拉格朗日体系。欧拉体系下,采样点固定在相空间的某些格点上,用这些固定点上的分布函数变化来处理弗拉索夫方程。拉格朗日体系下,采样则是追踪相空间中运动的点本身。粒子云网格法采用拉格朗日体系进行采样,进而对弗拉索夫方程进行数值求解。

粒子云网格法(PIC 方法)的基本方程包括描述电磁场的基本方程和描述粒子运动的基本方程,下面将对它们分别展开介绍。

PIC 方法从麦克斯韦方程出发计算电场和磁场在空间中的演化。对于电场强度 $\vec{E}$ 和磁场强度 $\vec{B}$,满足如下方程:

$$\nabla \times \vec{E} = -\frac{\partial \vec{B}}{\partial t} \tag{6.48}$$

$$\boldsymbol{\nabla} \times \vec{B} = \mu_0 \vec{J} + \frac{1}{c^2} \frac{\partial \vec{E}}{\partial t} \tag{6.49}$$

$$\boldsymbol{\nabla} \cdot \vec{E} = \frac{\rho}{\varepsilon_0} \tag{6.50}$$

$$\boldsymbol{\nabla} \cdot \vec{B} = 0 \tag{6.51}$$

这里我们将法拉第定律方程(6.48)和安培定律方程(6.49)改写为时间反演形式:

$$\frac{\partial \vec{B}}{\partial t} = -\boldsymbol{\nabla} \times \vec{E} \tag{6.52}$$

$$\frac{\partial \vec{E}}{\partial t} = c^2 (\boldsymbol{\nabla} \times \vec{B} - \mu_0 \vec{J}) \tag{6.53}$$

这样可以方便我们由空间中一个时间步的电磁场信息更新得到下一个时间步的电磁场信息。

电磁场中带电粒子的运动可以用如下方程描述:

$$\frac{\mathrm{d}\vec{r}}{\mathrm{d}t} = \vec{v} \tag{6.54}$$

$$\frac{\mathrm{d}\vec{v}}{\mathrm{d}t} = \frac{q}{m} (\vec{E} + \vec{v} \times \vec{B}) \tag{6.55}$$

PIC 方法一般采用 Boris 算法求解牛顿—洛伦兹方程(式(6.55))。Boris 算法形式简洁,具有二阶计算精度,并且求解得到的粒子轨迹闭合,因此常常用于电磁场下带电粒子运动方程的求解。

以上基本方程分别描述了电磁场和粒子运动,电荷、电流和电磁场信息储存在固定位置(整数格点或半整数格点)处,而粒子可以存在于模拟空间中的任意位置处,这就需要用插值方法使粒子信息与电荷、电流和电磁场信息相耦合。将空间中粒子的电荷信息分配到格点处,分配方法如下:

$$\rho(x_g) = \sum \rho_p W(x_g - x_p) \tag{6.56}$$

其中,下标 g 代表格点,下标 p 代表粒子,x_g 为格点位置,x_p 为粒子位置,$\rho(x_g)$ 为格点处电荷密度,ρ_p 为空间中粒子的电荷密度,$W(x)$ 为权重函数。在粒子云网格法中广泛使用权重函数(CIC 方法),其噪声明显小于更低阶方法的,其计算量远低于高阶方法的,并能取得类似的计算效果。CIC 方法的表达式如下:

$$W(x) = \begin{cases} 1 - \dfrac{|x|}{\Delta x} & |x| \leqslant \Delta x \\ 0 & |x| > \Delta x \end{cases} \tag{6.57}$$

格点处的电磁场通过插值方法被分配到粒子处。为了避免单个粒子产生对自身的作用力,电磁场的分配应采用和电荷分配同样的方法。以电场为例,分配方法如下:

$$E_p = \sum E_g W(x_g - x_p) \tag{6.58}$$

其中,E 代表电场强度。

粒子云网格法针对不同的物理问题有不同的计算流程,不同开发者实现的具体步骤也不尽相同。这里给出电磁模式和静电模式较为通用的计算流程。对于电磁问题,两个麦克斯韦旋度方程可以自洽地求解电磁场,计算流程如图 6.1 所示。

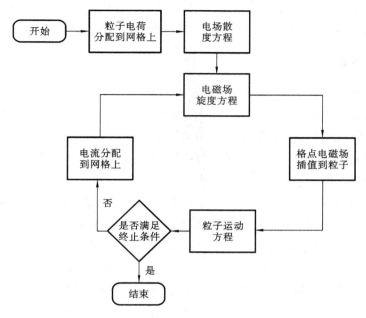

图 6.1 粒子云网格法电磁模式流程图

对于静电问题,则无须求解麦克斯韦方程组中的两个旋度方程,主要计算流程如图 6.2 所示。

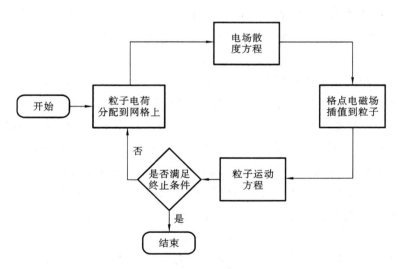

图 6.2 粒子云网格法静电模式流程图

6.3 地球磁层中的波粒相互作用

内磁层中分布着多种等离子体波,按波动频率从小到大,这些波有超低频(ultra low frequency,ULF)波、电磁离子回旋(electromagnetic ion cyclotron,EMIC)波、快磁声(fast magnetosonic, MS)波、等离子体嘶声(plasmaspheric hiss, Hiss)、哨声模合声波(Chorus 波)、人工台站甚低频波、静电电子回旋谐波(ECH 波)。这些波波动会与粒子发生作用,从而影响粒子的分布,本节将介绍等离子体波动对粒子的作用。

6.3.1 超低频波的作用

在空间物理中,ULF 波的频率范围为 $1\ \text{mHz} \sim 1\ \text{Hz}$,其扰动幅度范围为 $0.1 \sim 100$ nT。ULF 波在地球磁层中的质量、动量和能量运输过程中起到重要的作用。空间和地面联合探测的数据结果表明,地面观测到的地磁脉动实际是在磁层中传播的磁流体波在地表磁场的反映,目前卫星对于磁层中 ULF 波的直接测量成为研究地磁脉动的重要手段,因此,ULF 波也被称为地磁脉动。

太阳风的扰动和磁层内等离子体的不稳定性被认为是地球磁层中超低频波的来源。Kelvin-Helmholtz(K-H)不稳定性和太阳风动压脉冲被认为是波激励的两个主要来源。K-H 不稳定性通过剪切流产生大规模涡流,将太阳风等离子体输送到磁层中,伴随产生的表面波向地球传播,激发场线共振。而太阳风动压脉冲冲击磁层顶,会产生快模波,其携带来自太阳风的能量传播到内磁层。以上两种波动产生机制都与磁层顶有关,因此,考虑磁层顶位形,ULF 波的产生和分布是依赖于地方时的。

将空间中 ULF 波的周期上限设定为磁流体波越过磁层传到地表的时间,下限设定为质子回旋周期。根据扰动形式的规律性,将地磁脉动分为连续型脉动和不规则脉动。从频率特征角度分析,ULF 波的频谱与能量电子的漂移频率和弹跳频率存在重合,因此,存在产生漂移-弹跳共振的可能。Southwood 和 Kivelson 提出了漂移-弹跳共振理论,Zong 等基于该理论解释了超低频波的观测特征及其导致的粒子通量的调制现象。

考虑波粒相互作用必须考虑波的频率、波矢、谐波次数和投掷角分布等信息。通常根据波动的扰动方向将 ULF 波分为环向模 ULF 波和极向模 ULF 波,其漂移共振条件有所不同。环向模磁场扰动方向为方位角方向,电场扰动方向为径向,而极向模磁场扰动方向为径向,电场扰动方向为方位角方向。环向模 ULF 波的径向电场在标准的偶极磁场下对带电粒子一个漂移周期内的总功为 0,因此仅在考虑非偶极子场的情况下才会对带电粒子有净相互作用。而极向模 ULF 波的电场方向与带电粒子漂移速度方向相同或相反。观测还发现存在可压缩的混合模式,其磁场扰动方向是平行于背景磁场的。

不同粒子与 ULF 波的相互作用不同。对于等离子体层的电子而言,其漂移频率远小于波动频率,只会发生弹跳共振。而对于数 keV 至数十 keV 的电子而言,其漂移频率远小于波动频率,而波动频率又远小于弹跳频率,无论是漂移共振还是弹跳共振都很难以满足。因此,主要是能量电子(数百 keV)与东向传播的 ULF 波发生漂移共振或漂移-弹跳共振。而对于离子而言,能量离子(数百 keV)可能与西向传播的 ULF 波发生漂移共振;数 keV 至数十 keV 的离子更容易与波数有限的西向传播的 ULF 波发生漂移共振,还可能发生漂移-弹跳共振,并且 O^+ 比 H^+ 更容易满足共振条件。

有观测证实,基频和奇次谐波的东向传播的极向模 ULF 波,在纯漂移共振条件下能够有效快速加速高能电子(杀手电子),且此现象通常与激波及其激发的大尺度压缩波相联系。

6.3.2 电磁离子回旋波的作用

电磁离子回旋波是一种广泛分布在磁层空间内的等离子体波。EMIC 波的频率范围为 0.1~5.0 Hz,通常按离子回旋频率被分为氢频段、氦频段和氧频段。EMIC 波一般被认为是由注入内磁层的环电流离子的温度各向异性激发的。通常,EMIC 波在靠近磁赤道处被激发,以小传播角向高纬度处传播,呈现出左旋极化的特征。在沿磁力线传播的过程中,波动传播角逐渐增大,可能发生极化反转,转化为线极化甚至右旋极化。容易激发 EMIC 波的区域包括环电流和等离子体层的重叠区域、等离子体羽流和太阳风压缩磁层顶时的日侧外磁层。前人研究证实,各频段 EMIC 波的统计分布有较大的差异性,其中,氦频段 EMIC 波的发生率和平均幅值最高,且远高于其余两个频段的,氢频段的次之,氧频段的最低。

近年来,EMIC 波一直是地球磁层领域的研究热点,原因主要在于其对磁层粒子的强散射效应。EMIC 波可以通过回旋共振散射辐射带相对论电子(MeV),散射系数可达 10^{-1} s^{-1},可以在几小时甚至几分钟内快速沉降电子进入大气层。研究表明,EMIC 波对辐射带电子的散射效应与波动频谱、传播角模型、L-shell 等都具有相关性,不同频段的 EMIC 波散射电子的能量范围具有明显差异,表现为波动频率增加时,散射电子的能量也对应增加。最近的研究结合低轨卫星和地面台站信息的多观测通道给出了由 EMIC 波导致了电子沉降事件的直接证据,证实了 EMIC 波对辐射带电子的散射损失作用。EMIC 波除了可以通过回旋共振散射辐射带电子之外,也可以通过弹跳共振和朗道共振作用于辐射带电子。EMIC 波主要散射赤道投掷角约为 90° 的电子,且这种散射效应对波动传播角分布和频谱特性都有着非常强的依赖性,而对背景电子密度的变化并不敏感。与朗道共振类似,EMIC 波对电子的朗道共振作用也主要发生在投掷角约为 90° 的电子上,且散射效应相对回旋共振而言较小。

除了对辐射带电子的损失作用以外,EMIC 波也可以通过回旋共振造成环电流质子的沉降损失,这种散射损失效应也是磁暴期间环电流的一种重要耗散机制。由 EMIC 波沉降到大气的质子可以导致孤立质子极光的产生。研究表明,EMIC 波也会对等离子体层和中心等离子体片的质子有强散射作用。

6.3.3 快磁声波的作用

MS 波,又称赤道噪声,是一种广泛存在于地球磁层中的等离子体波。MS 波的典型特征包括:频率在质子回旋频率和低混杂频率之间;传播方向近似垂直于背景磁场;具有线极化特征。高精度的卫星观测数据表明,MS 波具有质子回旋频率整数倍的多阶谐波结构,还可以表现出上声调、下降调或条纹状的结构。现有研究结果表明,磁层中的 MS 波主要由能量质子在速度空间中的环分布不稳定性激发。

利用卫星数据，人们对 MS 波的全球分布及频谱特征进行了大量的观测和统计分析。结果表明，MS 波集中发生在磁赤道附近，等离子体层外的波动发生率和波动强度均大于等离子体层内的，且在日侧至下午侧空间扇区内的波动发生率和波动强度最高。此外，MS 波的发生率和强度与地磁活动条件强相关，地磁活动越剧烈，MS 波的发生率越高，波幅越大。在地磁活动剧烈期，MS 波发生率可达到 50%，等离子体层内外的 MS 波波幅普遍可以达到 100～200 pT，部分事件中的 MS 波波幅甚至可以超过 1 nT。

MS 波在辐射带电子时空演化过程中的一个重要作用是使电子形成蝴蝶状投掷角分布，即电子通量在 0°～90° 投掷角中存在峰值。Xiao 等的研究指出，Chorus 波和 MS 波对电子的联合散射效应可以产生卫星观测到的电子通量的能量分布和投掷角蝴蝶状分布。Li 等则基于卫星观测事件计算了 MS 波对电子的散射效应，模拟了 MS 波作用下的电子时空演化，证明了 MS 波可以使数百 keV 的能量电子和能量大于 2 MeV 的超相对论电子形成蝴蝶状投掷角分布。此外，Maldonado 等的工作表明，通过弹跳共振作用，MS 波也可以使电子产生蝴蝶状投掷角分布。Zhou 等在 Fu 等的基础上，开展了 MS 波联合散射作用下电子相空间密度变化的参量化分析研究，证明了在考虑多种散射机制的联合作用下，位于等离子体层外的大传播角 MS 波更容易使电子形成蝴蝶状投掷角分布。

6.3.4　等离子体嘶声的作用

等离子体嘶声是一种自然产生的宽频、非相干、没有结构特性的哨声模波，常出现在等离子体层的高密度区域和日侧的等离子体羽流中。嘶声波具有右旋极化的特征，且传播角覆盖范围较大，在赤道附近主要以小传播角沿磁力线传播，当传播至高纬度时，传播角逐渐增加。嘶声的频率范围一般为 20 Hz～4 kHz，一般将频率低于 100 Hz 的嘶声称为低频嘶声，低频嘶声在等离子体层和羽流中也广泛存在。嘶声的强度和地磁活动相关，地磁活动平静期，嘶声幅值通常低于 10 pT，但是在地磁活动活跃期，嘶声幅值可以高达几百 pT。目前有几种机制可能激发等离子体嘶声：亚暴注入的各向异性能量电子的不稳定性引起的局地激发；闪电激发的哨声模波传播至等离子体层内形成等离子体嘶声；等离子体层外的合声波传播进入等离子体层内，转化为等离子体嘶声。最新报道了一种独特的双频段嘶声结构，上、下带嘶声的频率范围分别为 200 Hz 和 100 Hz，结合统计结果发现，该双频段嘶声在 2.5～5.0 地球半径范围内的午后扇区内的概率约为 8%，表现出了对地磁活动和太阳风条件的强依赖性。

等离子体嘶声可以分别通过回旋共振、朗道共振和弹跳共振三种共振机制作用于辐射带能量电子，对应的损失时间尺度为几小时至几百天。嘶声通过回旋共振主要散射的是能量范围为几十 keV 至几百 keV、投掷角小于 80° 的电子，而朗道共振和弹跳共振主要作用于投掷角接近 90° 的电子。嘶声对电子的投掷角散射作用是地球内磁层中一种重要的损失机制，被认为是槽区形成的主要原因。为了量化嘶声对槽区电子损失的贡献，现有的研究利用了不同的卫星观测数据统计了槽区嘶声的全球分布，并研究了嘶声导致的电子损失时间尺度。

嘶声散射电子体现出了较强的能量依赖性,这是槽区形成的主要原因,最近的研究证明,嘶声散射电子的能量依赖性也是等离子体层电子反转能谱现象形成的主要原因。该电子反转能谱在能量为 $1 \sim 2$ MeV 时有通量极大值,在能量为几百 keV 时具有通量极小值,分布在等离子体中广泛的空间区域内。Ni 等通过准线性数值模拟验证了嘶声是电子反转能谱结构的主要形成机制,并结合参量化分析发现背景等离子体密度和嘶声频谱对电子反转能谱的形成有重要影响。嘶声对环电流或辐射带质子的散射作用较弱,因此一般忽略其对质子的散射作用。

6.3.5 哨声模合声波的作用

哨声模合声波是广泛存在于地球内磁层中的右旋等离子体电磁波。合声波的典型频率范围一般在 $0.1 \sim 0.8$ fce 之间(这里 fce 表示赤道电子回旋频率),通常被 0.5 倍电子回旋频率分割成两个频段,即频率范围为 $0.1 \sim 0.5$ fce 的下频带合声波和频率范围为 $0.5 \sim 0.8$ fce 的上频带合声波。除双频带结构外,卫星观测表明,合声波往往具有分立、短时、相干的频谱特征,表现为分立的上声调或下降调的分立频谱结构。此外,部分合声波也可呈现类似嘶声的连续频谱结构。合声波大多近似平行于背景磁场方向传播,最新的卫星数据观测到了大传播角的合声波。现有研究认为,亚暴期间,注入内磁层的 $30 \sim 100$ keV 电子的各向异性是激发合声波的主要能量来源。

Chorus 波通常位于等离子体层外,主要在磁赤道处激发并向两极传播,可传播至较高的磁纬度。Chorus 波的空间分布且呈现出明显的晨昏不对称性,主要分布在午夜侧经晨侧至正午侧的空间扇区内,且发生率和幅度强烈依赖于亚暴活动。此外,Chorus 波的幅度范围通常为 $1 \sim 100$ pT,在强磁扰动期间甚至达到 1 nT。不同频带的 Chorus 波的强度有明显区别,一般来说,下频带 Chorus 波要强于上频带 Chorus 波,下频带 Chorus 波的幅度通常为 $10 \sim 300$ pT,而上频带 Chorus 波的幅度大多为 $3 \sim 30$ pT。

Chorus 波对辐射带电子通量的动态变化过程有重要影响。通过与电子发生回旋共振和朗道共振,Chorus 波可以散射能量为 $0.1 \sim 30$ keV 的电子进入损失锥,从而激发弥散极光或脉冲极光,还可以加速辐射带电子至 MeV 能级,这是辐射带 MeV 能量电子的重要来源机制。近年来的卫星观测表明,Chorus 波对电子的局地加速效应可以使电子相空间密度在外辐射带核心区域形成一个极大值。同时,超强 Chorus 波(波幅在 nT 量级)与电子有较强的非线性效应,可快速加速电子并使电子呈现蝴蝶状投掷角分布。除朗道共振和回旋共振外,最新的研究表明,极低频的 Chorus 波还可以与电子发生弹跳共振。

6.3.6 人工台站甚低频波的作用

不同于磁层中激发的各类等离子体波动,人工台站甚低频波是因人类活动产生而传播进入磁层的。由于甚低频波的波长较长,传播距离远,且能穿透一定深度的海水和土壤,其可以用于海面导航和潜艇通信。地球上广泛分布着用于对潜通信的大功率人工甚低频台站,其发射的甚低频信号主要沿着地球-低电离层波导传播。甚低频波的大部分能量在穿越电离层时,因电子和中性成分的碰撞被吸收,有一部分能量会在地球磁场的引导下穿透电离层进入内磁层,并以哨声模的形式向台站的共轭区传播。这些台站大多位于 $L<3$ 的区域,发射功率为 20 kW～2 MW,发射频率通常为 18～30 kHz。

磁层中的人工甚低频波通常分布于台站附近和 $L<3$ 的区域,幅度比自然激发的等离子波的幅度小,一般只有几 pT。研究低轨卫星观测到的电磁场数据可发现,人工甚低频波的波功率在卫星高度(700～800 km)处的分布形态特征是以台站为中心的一组同心圆,形成一定的影响范围,在台站共轭点附近也同样能观测到相似特征的同心圆,且南北不对称。人工甚低频波的功率分布具有日夜不对称性,主要在夜侧达到峰值,这是由于日侧的电子密度较高,电离层对台站信号吸收增强,导致较强的波动衰减。同时,波动的分布具有季节不对称性,冬季的分布强于夏季的,这是因为夏季的光照更强,导致电离层的吸收增强。Ma 等基于范阿伦卫星(赤道面椭圆轨道卫星)的高精度波动数据统计了磁层中 $L=1$～3 处人工甚低频波的分布模型,结果表明,统计平均后的磁层中人工甚低频波幅度较小,不超过 4 pT。在不同的 L-shell 范围内,人工甚低频波强度峰值对应的频率不同:在低 L-shell($L<1.7$)范围,信号电场功率谱密度的峰值为 20 kHz 左右,对应位于澳大利亚的 NWC 台站,而在高 L-shell($1.7<L<3.0$)范围,信号电场功率谱密度的峰值为 24 kHz 左右,对应位于北美的 NAA 台站和位于德国的 DHO38 台站。

Meredith 等使用范阿伦卫星 5 年的数据分别统计了 20 多个人工 VLF 台站发射的信号的分布模型,他们发现,在内磁层中,NWC、NAA 和 DHO38 这三个台站的信号的强度之和占总强度的 50%。磁层中的人工甚低频波具有明显的地理位置依赖性和昼夜不对称性。统计研究表明,人工甚低频波强度与地磁活动没有明显的相关性,这可能是由于电离层吸收造成的人工甚低频波衰减与地磁活动无关。

前人的研究表明,磁层中的人工甚低频波通常可以分为导管模式的和非导管模式的。Clilverd 等对比分析了 DEMETER 卫星和 CRRES 卫星的观测数据,分析了人工甚低频波进入磁层后的传播方式,发现 $L<1.5$ 的人工甚低频波主要是非导管模式的,而较高的 L 的人工甚低频波是导管模式的。Zhang 等通过射线追踪方法模拟了 NWC、NAA 等 10 个台站信号在磁层中的传播路径,并与 DEMETER 卫星和范阿伦卫星的观测数据在子午面上进行了对比,结果表明内辐射带中非导管模式的人工甚低频波占主导地位。

已有大量的研究工作表明人工甚低频波在传进磁层后会与电子发生波粒相互作用,进而引起内辐射带中高能电子的损失。早在二十世纪七八十年代就有研究表明内辐射带几十至几百 keV 的高能电子的沉降与地基台站发射的信号有关。Imhof 等对 NAA 台站信号进行周期为 5 s 的 ON/OFF 格式调制,同时卫星观测到沉降的电子呈现相同的调制特征,这表明电子的沉降确实是与地基台站信号有关。这一现象同样被 Graf 等通过 DEMETER 卫星数据观测到。

Sauvaud 等通过 DEMETER 卫星数据发现位于澳大利亚西海岸的 NWC 台站会导致漂移损失锥中 $100\sim400$ keV 的电子的通量增强,且增强的电子能级呈现明显的 L-shell 依赖性,电子能量与磁赤道处同 19.8 kHz 的 NWC 台站信号发生一阶回旋共振的能量变化趋势一致,是 NWC 台站信号导致内辐射带高能电子沉降的有力证据。通过准线性理论计算的扩散系数估计不同波动作用下的电子的生命周期,结果表明,人工甚低频波可以使 $L<3$ 处能量小于 500 keV 的高能电子的生命周期下降 $1\sim2$ 个数量级,并会导致在 $L=2.5$ 处附近 $30\sim300$ keV 的电子的生命周期产生局部极小值,这一现象被称为内辐射带电子分叉,且局地最小值的 L-shell 随电子能量的增加而减小,符合台站信号与电子发生回旋共振的特征。通过模拟考虑不同波动对电子产生散射作用时电子通量的演化过程,并考虑到人工甚低频波作用下的模拟结果与观测结果相近,可知内辐射带电子分叉是由人工甚低频波导致的,这直接说明了人类的活动能影响辐射带中高能电子的损失。

6.3.7 静电电子回旋谐波的作用

静电电子回旋谐波是行星磁层中的一种重要波动,其不仅在地球磁层中被观测到,在土星和木星磁层中也广泛存在。ECH 波几乎垂直于背景磁场传播,其主要功率集中于整数倍电子回旋频率之间,因此也常被称为"$(n+1/2)f_{ce}$"波。ECH 波的静电特性导致其主要在源区附近传播。ECH 波通常认为由热电子速度分布的损失锥不稳定性激发,此外,电子束分布也可激发 ECH 波。

基于 OGO-5 卫星数据,Kennel 等首次报道了地球的 ECH 波的幅度通常为几 mV/m,最大可达到 100 mV/m,并提出通过共振散射,较大波幅的 ECH 波可以给极区电子提供扰动能量。早期的统计分析表明,ECH 波通常倾向于在磁赤道附近 $\pm10°$,地心距离为 $4\sim8$ R_e,磁地方时(MLT)为 $22{:}00\sim06{:}00$ 的区域内发生。基于 CRRES 卫星观测数据,Meredith 等对 ECH 波的分布进行了更为精细的统计分析。他们的结果表明 ECH 波动主要分布在 MLT 为 $21{:}00\sim06{:}00$ 的 4<L-shell<7 的区域内,且随地磁纬度增加,ECH 波的幅度也随之增大,在夜侧到晨侧区域,幅度可超过 1 mV/m。Ni 等及 Zhang 和 Angelopoulos 利用 THEMIS 卫星对 ECH 波进行了统计。Ni 和 Zhang 等的研究进一步发现,较强的 ECH 波可以在 10 R_e 的外磁层发生,甚至在 L-shell$\approx$12 处,中等强度的 ECH 波在地磁活跃期仍然可以被观测到。

自首次通过 OGO-5 卫星观测到较大幅值的 ECH 波后,Lyons 使用频率为 $1.5f_{ce}$ 的波动分布模型,量化估算了弹跳平均投掷角和能量散射系数。GEOS-2 卫星的观测结果表明 ECH 波的幅度在大部分的时间里都小于 0.1 mV/m,这对 ECH 波的重要性提出了挑战。Meredith 等利用 CRRES 卫星数据重新对 ECH 波进行统计,结果表明亚暴后其波动幅度通常大于 1 mV/m。假定强磁暴期间 ECH 波的幅度为 1 mV/m,Horne 和 Thorne 重新计算了投掷角散射系数,发现 ECH 波有足够的能量投掷角散射损失锥附近的电子,针对 500 eV 的电子,可达到强散射。散射系数的大小与赤道投掷角、波动的频率及波动传播角的分布紧密相关。Horne 等的研究结果进一步证实了这个结论。Ni 等和 Zhang 等进一步研究了 ECH 波对磁层电子的散射效应,并证明了 ECH 波是 L-shell>8 R_e 的外磁层夜侧弥散极光的主导机制。Lou 等进一步研究了 ECH 波对地球日侧弥散极光电子沉降的贡献,他们的研究结果表明,ECH 波能在几小时到 1 天的时间尺度上投掷角散射 300 eV~10 keV 的电子,这对地球弥散极光的形成有着重要贡献,且发现 300 eV~2 keV 的电子散射可到达强扩散的极限。

思考题

(1) 如何理解电磁波和带电粒子的回旋共振基本条件?

(2) 比较三种研究波粒相互作用的方法的优缺点,并分析其适用情形。

(3) 简述超低频波的产生原理和作用过程。

(4) EMIC 波对电子和质子的散射作用机制有什么不同?

(5) 快磁声波与电子蝴蝶状投掷角分布的相互关系如何?

(6) 等离子体嘶声如何散射辐射带能量电子?

参 考 文 献

[1] 陈耀. 等离子体物理学基础[M]. 北京:科学出版社,2019.

[2] Gombosi T. Physics of the space environment[M]. Cambridge:Cambridge University Press,1999.

[3] 何杨帆. 磁暴期间电磁离子回旋波的时空分布特性研究[D]. 武汉:武汉大学,2022.

[4] Kivelson M G,Russell C T. Introduction to space physics[M]. Cambridge:Cambridge University Press,1995.

[5] 李定,陈银华,马锦秀,等. 等离子体物理学[M]. 北京:高等教育出版社,2006.

[6] 涂传诒,宗秋刚,周煦之. 日地空间物理学(磁层物理)[M]. 2版. 北京:科学出版社,2020.

[7] 王慧. 极区电离层电流系及其对亚暴和磁暴的响应[D]. 武汉:武汉大学,2006.

[8] 王晓刚. 等离子体物理基础[M]. 北京:北京大学出版社,2014.

[9] 徐荣栏,李磊. 磁层粒子动力学[M]. 北京:科学出版社,2006.

[10] 上出洋介,W. 鲍明翰. 磁层-电离层耦合[M]. 徐文耀,译. 北京:科学出版社,2005.

[11] 张科灯. 电离层-热层参数的经度差异及其世界时变化[D]. 武汉:武汉大学,2019.

[12] Abel B,Thorne R M. Electron scattering loss in Earth's inner magnetosphere:1. Dominant physical processes [J]. Journal of Geophysical Research,1998.

[13] Albert J M. Nonlinear interaction of outer zone electrons with VLF waves [J]. Geophysical Research Letters,2002.

[14] Albert J M. Simple approximations of quasi-linear diffusion coefficients [J]. Journal of Geophysical Research:Space Physics,2007.

[15] Arnoldy R L,Engebretson M J,Denton R E,et al. Pc 1 waves and associated unstable distributions of magnetospheric protons observed during a solar wind pressure pulse[J]. Journal of Geophysical Research:Space Physics,2005.

[16] Artemyev A,Neishtadt A,Vasiliev A. Kinetic equation for nonlinear wave-particle interaction:solution properties and asymptotic dynamics[J]. Physica D:Nonlinear Phenomena,2019.

[17] Ashour-Abdalla M,Kennel C F. Nonconvective and convective electron cyclotron harmonic instabilities[J]. Journal of Geophysical Research:Space Physics,1978.

[18] Balikhin M A，Shprits Y Y，Walker S N，et al. Observations of discrete harmonics emerging from equatorial noise[J]. Nature Communications，2015.

[19] Bell T F. The nonlinear gyroresonance interaction between energetic electrons and coherent VLF waves propagating at an arbitrary angle with respect to the Earth's magnetic field[J]. Journal of Geophysical Research：Space Physics，1984.

[20] Belmont G，Fontaine D，Canu P. Are equatorial electron cyclotron waves responsible for diffuse auroral electron precipitation？ [J]. Journal of Geophysical Research：Space Physics，1983.

[21] Blum L W，Halford A，Millan R，et al. Observations of coincident EMIC wave activity and duskside energetic electron precipitation on 18-19 January 2013[J]. Geophysical Research Letters，2015.

[22] Boardsen S A，Gallagher D L，Gurnett D A，et al. Funnel-shaped，low-frequency equatorial waves[J]. Journal of Geophysical Research：Space Physics，1992.

[23] Boardsen S A，Hospodarsky G B，Kletzing C A，et al. Van Allen Probe observations of periodic rising frequencies of the fast magnetosonic mode[J]. Geophysical Research Letters，2014.

[24] Bortnik J，Thorne R M. The dual role of ELF/VLF chorus waves in the acceleration and precipitation of radiation belt electrons[J]. Journal of Atmospheric and Solar-Terrestrial Physics，2007.

[25] Bortnik J，Thorne R M. Transit time scattering of energetic electrons due to equatorially confined magnetosonic waves[J]. Journal of Geophysical Research：Space Physics，2010.

[26] Bortnik J，Chen L，Li W，et al. Modeling the evolution of chorus waves into plasmaspheric hiss[J]. Journal of Geophysical Research：Space Physics，2011.

[27] Bortnik J，Chen L，Li W，et al. Relationship between chorus and plasmaspheric hiss waves[J]. Low-Frequency Waves in Space Plasmas，2016.

[28] Boyd A J，Turner D L，Reeves G D，et al. What causes radiation belt enhancements：A survey of the Van Allen Probes Era[J]. Geophysical Research Letters，2018.

[29] Buneman O. The 3-D electromagnetic particle code[J]. Computer space plasma physics，1993.

[30] Burtis W J，Helliwell R A. Banded chorus—A new type of VLF radiation observed in the magnetosphere by OGO 1 and OGO 3[J]. Journal of Geophysical Research，1969.

[31] Cao X，Ni B，Liang J，et al. Resonant scattering of central plasma sheet protons by multiband EMIC waves and resultant proton loss timescales[J]. Journal of

Geophysical Research：Space Physics，2016.

[32] Cao X，Ni B，Summers D，et al. Bounce resonance scattering of radiation belt electrons by H+ band EMIC waves[J]. Journal of Geophysical Research：Space Physics，2017.

[33] Cao X，Ni B，Summers D，et al. Bounce resonance scattering of radiation belt electrons by low-frequency hiss：Comparison with cyclotron and Landau resonances[J]. Geophysical Research Letters，2017.

[34] Cao X，Ni B，Summers D，et al. Effects of polarization reversal on the pitch angle scattering of radiation belt electrons and ring current protons by EMIC waves [J]. Geophysical Research Letters，2020.

[35] Cao X，Ni B，Summers D，et al. Sensitivity of EMIC wave-driven scattering loss of ring current protons to wave normal angle distribution[J]. Geophysical Research Letters，2019.

[36] Capannolo L，Li W，Ma Q，et al. Direct observation of subrelativistic electron precipitation potentially driven by EMIC waves[J]. Geophysical Research Letters，2019.

[37] Capannolo L，Li W，Ma Q，et al. Understanding the driver of energetic electron precipitation using coordinated multisatellite measurements[J]. Geophysical Research Letters，2018.

[38] Chen L，Bortnik J，Li W，et al. Modeling the properties of plasmaspheric hiss：1. Dependence on chorus wave emission[J]. Journal of Geophysical Research：Space Physics，2012.

[39] Chen L，Jordanova V K，Spasojević M，et al. Electromagnetic ion cyclotron wave modeling during the geospace environment modeling challenge event[J]. Journal of Geophysical Research：Space Physics，2014.

[40] Claudepierre S G，Ma Q，Bortnik J，et al. Empirically estimated electron lifetimes in the Earth's radiation belts：Comparison with theory[J]. Geophysical Research Letters，2020.

[41] Clilverd M A，Rodger C J，Gamble R，et al. Ground-based transmitter signals observed from space：Ducted or nonducted？ [J]. Journal of Geophysical Research：Space Physics，2008.

[42] Cohen M B，Inan U S. Terrestrial VLF transmitter injection into the magnetosphere[J]. Journal of geophysical research：space physics，2012.

[43] Cohen M B，Inan U S，Paschal E W. Sensitive broadband ELF/VLF radio reception with the AWESOME instrument[J]. IEEE Transactions on Geoscience and Remote Sensing，2009.

[44] Cornwall J M. Cyclotron instabilities and electromagnetic emission in the ultra low frequency and very low frequency ranges[J]. Journal of Geophysical Research, 1965.

[45] Cornwall J M, Coroniti F V, Thorne R M. Turbulent loss of ring current protons[J]. Journal of Geophysical Research, 1970.

[46] Crabtree C, Tejero E, Ganguli G, et al. Bayesian spectral analysis of chorus subelements from the Van Allen Probes[J]. Journal of Geophysical Research: Space Physics, 2017.

[47] Draganov A B, Inan U S, Sonwalkar V S, et al. Magnetospherically reflected whistlers as a source of plasmaspheric hiss [J]. Geophysical research letters, 1992.

[48] Fairfield D H, Otto A, Mukai T, et al. Geotail observations of the Kelvin-Helmholtz instability at the equatorial magnetotail boundary for parallel northward fields[J]. Journal of Geophysical Research: Space Physics, 2000.

[49] Fu S, Ni B, Lou Y, et al. Resonant scattering of near-equatorially mirroring electrons by Landau resonance with H+ band EMIC waves[J]. Geophysical Research Letters, 2018.

[50] Fu S, Ni B, Tao X, et al. Interactions between H+ band EMIC waves and radiation belt relativistic electrons: Comparisons of test particle simulations with quasi-linear calculations[J]. Physics of Plasmas, 2019.

[51] Fu S, Ni B, Zhou R, et al. Combined scattering of radiation belt electrons caused by Landau and bounce resonant interactions with magnetosonic waves [J]. Geophysical Research Letters, 2019.

[52] Fu S, Yi J, Ni B, et al. Combined scattering of radiation belt electrons by low-frequency hiss: Cyclotron, Landau, and bounce resonances[J]. Geophysical Research Letters, 2020.

[53] Gamble R J, Rodger C J, Clilverd M A, et al. Radiation belt electron precipitation by man-made VLF transmissions[J]. Journal of Geophysical Research: Space Physics, 2008.

[54] Gan L, Li W, Ma Q, et al. Unraveling the formation mechanism for the bursts of electron butterfly distributions: Test particle and quasilinear simulations[J]. Geophysical Research Letters, 2020.

[55] Hamiel Y, Piatibratova O, Mizrahi Y. Creep along the northern Jordan Valley section of the Dead Sea Fault[J]. Geophysical Research Letters, 2016.

[56] Ginet G P, Heinemann M A. Test particle acceleration by small amplitude electromagnetic waves in a uniform magnetic field[J]. Physics of Fluids B: Plasma

Physics，1990.

[57] Glauert S A，Horne R B. Calculation of pitch angle and energy diffusion coeffi-cients with the PADIE code[J]. Journal of Geophysical Research：Space Phys-ics，2005.

[58] Graf K L，Inan U S，Piddyachiy D，et al. DEMETER observations of transmit-ter-induced precipitation of inner radiation belt electrons[J]. Journal of Geo-physical Research：Space Physics，2009.

[59] Green J L，Boardsen S，Garcia L，et al. On the origin of whistler mode radiation in the plasmasphere[J]. Journal of Geophysical Research：Space Physics，2005.

[60] Guo D，Xiang Z，Ni B，et al. Bounce Resonance Scattering of Radiation Belt En-ergetic Electrons by Extremely Low-Frequency Chorus Waves[J]. Geophysical Research Letters，2021.

[61] Guo Y，Ni B，Fu S，et al. Identification of controlling geomagnetic and solar wind factors for magnetospheric chorus intensity using feature selection tech-niques[J]. Journal of Geophysical Research：Space Physics，2022.

[62] Gurnett D A. Plasma wave interactions with energetic ions near the magnetic equator[J]. Journal of Geophysical Research，1976.

[63] Gurnett D A，Kurth W S，Hospodarsky G B，et al. Radio and plasma wave ob-servations at Saturn from Cassini's approach and first orbit[J]. Science，2005.

[64] Hasegawa H，Fujimoto M，Phan T D，et al. Transport of solar wind into Earth's magnetosphere through rolled-up Kelvin-Helmholtz vortices[J]. Na-ture，2004.

[65] Hendry A T，Rodger C J，Clilverd M A. Evidence of sub-MeV EMIC-driven electron precipitation[J]. Geophysical Research Letters，2017.

[66] Hendry A T，Santolik O，Miyoshi Y，et al. A multi-instrument approach to de-termining the source-region extent of EEP-driving EMIC waves[J]. Geophysical research letters，2020.

[67] Horne R B. Path-integrated growth of electrostatic waves：The generation of terrestrial myriametric radiation[J]. Journal of Geophysical Research：Space Physics，1989.

[68] Horne R B，Thorne R M. Electron pitch angle diffusion by electrostatic electron cyclotron harmonic waves：The origin of pancake distributions[J]. Journal of Geophysical Research：Space Physics，2000.

[69] Horne R B，Christiansen P J，Gough M P，et al. Amplitude variations of elec-tron cyclotron harmonic waves[J]. Nature，1981.

[70] Horne R B，Thorne R M，Meredith N P，et al. Diffuse auroral electron scatter-

ing by electron cyclotron harmonic and whistler mode waves during an isolated substorm[J]. Journal of Geophysical Research: Space Physics, 2003.

[71] Hua M, Li W, Ni B, et al. Very-Low-Frequency transmitters bifurcate energetic electron belt in near-earth space[J]. Nature communications, 2020.

[72] Hua M, Ni B, Li W, et al. Statistical distribution of bifurcation of Earth's inner energetic electron belt at tens of keV [J]. Geophysical Research Letters, 2021.

[73] Imhof W L, Reagan J B, Voss H D, et al. Direct observation of radiation belt electrons precipitated by the controlled injection of VLF signals from a ground-based transmitter[J]. Geophysical research letters, 1983.

[74] Inan U S, Tkalcevic S. Nonlinear equations of motion for Landau resonance interactions with a whistler mode wave[J]. Journal of Geophysical Research: Space Physics, 1982.

[75] Inan U S, Chang H C, Helliwell R A. Electron precipitation zones around major ground-based VLF signal sources[J]. Journal of Geophysical Research: Space Physics, 1984.

[76] Inan U S, Chang H C, Helliwell R A, et al. Precipitation of radiation belt electrons by man-made waves: A comparison between theory and measurement[J]. Journal of Geophysical Research: Space Physics, 1985.

[77] Jordanova V K, Farrugia C J, Thorne R M, et al. Modeling ring current proton precipitation by electromagnetic ion cyclotron waves during the May 14-16, 1997, storm[J]. Journal of Geophysical Research: Space Physics, 2001.

[78] Jordanova V K, Spasojevic M, Thomsen M F. Modeling the electromagnetic ion cyclotron wave-induced formation of detached subauroral proton arcs[J]. Journal of Geophysical Research: Space Physics, 2007.

[79] Kennel C F, Engelmann F. Velocity space diffusion from weak plasma turbulence in a magnetic field[J]. The Physics of Fluids, 1966.

[80] Kim K C, Chen L. Modeling the storm time behavior of the magnetosonic waves using solar wind parameters[J]. Journal of Geophysical Research: Space Physics, 2016.

[81] Koons H C, Edgar B C, Vampola A L. Precipitation of inner zone electrons by whistler mode waves from the VLF transmitters UMS and NWC[J]. Journal of Geophysical Research: Space Physics, 1981.

[82] Koons H C, Roeder J L. A survey of equatorial magnetospheric wave activity between 5 and 8 RE[J]. Planetary and Space Science, 1990.

[83] Kozyra J U, Rasmussen C E, Miller R H, et al. Interaction of ring current and

radiation belt protons with ducted plasmaspheric hiss: 1. Diffusion coefficients and timescales[J]. Journal of Geophysical Research: Space Physics, 1994.

[84] Kozyra J U, Rasmussen C E, Miller R H, et al. Interaction of ring current and radiation belt protons with ducted plasmaspheric hiss: 2. Time evolution of the distribution function[J]. Journal of Geophysical Research: Space Physics, 1995.

[85] Kulkarni P, Inan U S, Bell T F, et al. Precipitation signatures of ground-based VLF transmitters[J]. Journal of Geophysical Research: Space Physics, 2008.

[86] Kurita S, Miyoshi Y, Kasahara S, et al. Deformation of electron pitch angle distributions caused by upper band chorus observed by the Arase satellite[J]. Geophysical Research Letters, 2018.

[87] Li J, Bortnik J, Xie L, et al. Comparison of formulas for resonant interactions between energetic electrons and oblique whistler-mode waves[J]. Physics of Plasmas, 2015.

[88] Li J, Ni B, Ma Q, et al. Formation of energetic electron butterfly distributions by magnetosonic waves via Landau resonance[J]. Geophysical Research Letters, 2016.

[89] Li J, Bortnik J, Thorne R M, et al. Ultrarelativistic electron butterfly distributions created by parallel acceleration due to magnetosonic waves[J]. Journal of Geophysical Research: Space Physics, 2016.

[90] Li J, Bortnik J, Li W, et al. "Zipper-like" periodic magnetosonic waves: Van Allen Probes, THEMIS, and magnetospheric multiscale observations[J]. Journal of Geophysical Research: Space Physics, 2017.

[91] Li W, Thorne R M, Bortnik J, et al. Characteristics of hiss-like and discrete whistler-mode emissions[J]. Geophysical Research Letters, 2012.

[92] Li W, Thorne R M, Bortnik J, et al. An unusual enhancement of low-frequency plasmaspheric hiss in the outer plasmasphere associated with substorm-injected electrons[J]. Geophysical Research Letters, 2013.

[93] Li W, Ma Q, Thorne R M, et al. Statistical properties of plasmaspheric hiss derived from Van Allen Probes data and their effects on radiation belt electron dynamics[J]. Journal of Geophysical Research: Space Physics, 2015.

[94] Rudy A C A, Lamoureux S F, Kokelj S V, et al. Accelerating thermokarst transforms ice-cored terrain triggering a downstream cascade to the ocean[J]. Geophysical Research Letters, 2017.

[95] Liang J, Gillies D, Donovan E, et al. On the green isolated proton auroras during Canada thanksgiving geomagnetic storm[J]. Frontiers in Astronomy and Space Sciences, 2022.

[96] Liu Y, Xiang Z, Guo J, et al. Scattering effect of VLF transmitter signals on energetic electrons in Earth's inner belt and slot region[J]. Acta Physica Sinica, 2021.

[97] Liu Y, Xiang Z, Ni B, et al. Quasi-Trapped Electron Fluxes Induced by NWC Transmitter and CRAND: Observations and Simulations[J]. Geophysical Research Letters, 2022.

[98] Long M, Gu X, Ni B, et al. Global Distribution of Electrostatic Electron Cyclotron Harmonic Waves in Saturn's Magnetosphere: A Survey of Over-13-Year Cassini RP-WS Observations[J]. Journal of Geophysical Research: Planets, 2021.

[99] Long M, Cao X, Gu X, et al. Excitation of Saturnian ECH waves within remote plasma injections: Cassini observations[J]. Geophysical Research Letters, 2023.

[100] Lou Y, Cao X, Ni B, et al. Parametric dependence of polarization reversal effects on the particle pitch angle scattering by EMIC waves[J]. Journal of Geophysical Research: Space Physics, 2021.

[101] Lou Y, Cao X, Ni B, et al. Diffuse auroral electron scattering by electrostatic electron cyclotron harmonic waves in the dayside magnetosphere[J]. Geophysical Research Letters, 2021.

[102] Lou Y, Cao X, Wu M, et al. Parametric Sensitivity of Electron Scattering Effects by Electrostatic Electron Cyclotron Harmonic Waves[J]. Journal of Geophysical Research: Space Physics, 2022.

[103] Lyons L R. Electron diffusion driven by magnetospheric electrostatic waves[J]. Journal of Geophysical Research, 1974.

[104] Lyons L R. General relations for resonant particle diffusion in pitch angle and energy[J]. Journal of Plasma Physics, 1974.

[105] Meredith N P, Horne R B, Anderson R R. Survey of magnetosonic waves and proton ring distributions in the Earth's inner magnetosphere[J]. Journal of Geophysical Research: Space Physics, 2008.

[106] Ma Q, Li W, Thorne R M, et al. Global distribution of equatorial magnetosonic waves observed by THEMIS[J]. Geophysical Research Letters, 2013.

[107] Ma Q, Li W, Thorne R M, et al. Electron scattering by magnetosonic waves in the inner magnetosphere [J]. Journal of Geophysical Research: Space Physics, 2016.

[108] Ma Q, Mourenas D, Li W, et al. VLF waves from ground-based transmitters observed by the Van Allen Probes: Statistical model and effects on plasmaspheric electrons[J]. Geophysical Research Letters, 2017.

[109] Ma Q, Li W, Bortnik J, et al. Quantitative evaluation of radial diffusion and

local acceleration processes during GEM challenge events[J]. Journal of Geophysical Research: Space Physics, 2018.

[110] Ma Q, Li W, Bortnik J, et al. Global survey and empirical model of fast magnetosonic waves over their full frequency range in Earth's inner magnetosphere [J]. Journal of Geophysical Research: Space Physics, 2019.

[111] Maldonado A A, Chen L, Claudepierre S G, et al. Electron butterfly distribution modulation by magnetosonic waves [J]. Geophysical Research Letters, 2016.

[112] Matsumoto H, Omura Y. Particle simulation of electromagnetic waves and its application to space plasmas[J]. Computer Simulation of Space Plasmas, 1985.

[113] Jin H, Miyoshi Y, Pancheva D, et al. Response of migrating tides to the stratospheric sudden warming in 2009 and their effects on the ionosphere studied by a whole atmosphere-ionosphere model GAIA with COSMIC and TIMED/SABER observations[J]. Journal of Geophysical Research: Space Physics, 2012.

[114] Menietti J D, Averkamp T F, Kurth W S, et al. Survey of Saturn electrostatic cyclotron harmonic wave intensity[J]. Journal of Geophysical Research: Space Physics, 2017.

[115] Meredith N P, Horne R B, Johnstone A D, et al. The temporal evolution of electron distributions and associated wave activity following substorm injections in the inner magnetosphere[J]. Journal of Geophysical Research: Space Physics, 2000.

[116] Kudela K, Bobik P. Long-term variations of geomagnetic rigidity cutoffs[J]. Solar Physics, 2004.

[117] Meredith N P, Horne R B, Glauert S A, et al. Energetic outer zone electron loss timescales during low geomagnetic activity[J]. Journal of Geophysical Research: Space Physics, 2006.

[118] Meredith N P, Horne R B, Glauert S A, et al. Slot region electron loss timescales due to plasmaspheric hiss and lightning-generated whistlers[J]. Journal of Geophysical Research: Space Physics, 2007.

[119] Meredith N P, Horne R B, Glauert S A, et al. Relativistic electron loss timescales in the slot region [J]. Journal of Geophysical Research: Space Physics, 2009.

[120] Meredith N P, Horne R B, Thorne R M, et al. Survey of upper band chorus and ECH waves: Implications for the diffuse aurora[J]. Journal of Geophysical Research: Space Physics, 2009.

[121] Meredith N P, Horne R B, Kersten T, et al. Global model of plasmaspheric

hiss from multiple satellite observations[J]. Journal of Geophysical Research: Space Physics, 2018.

[122] Meredith N P, Horne R B, Clilverd M A, et al. An investigation of VLF transmitter wave power in the inner radiation belt and slot region[J]. Journal of Geophysical Research: Space Physics, 2019.

[123] Meredith N P, Horne R B, Shen X C, et al. Global model of whistler mode chorus in the near-equatorial region ($|\lambda_m|<18$)[J]. Geophysical Research Letters, 2020.

[124] Min K, Liu K, Wang X, et al. Fast magnetosonic waves observed by Van Allen Probes: Testing local wave excitation mechanism[J]. Journal of Geophysical Research: Space Physics, 2018.

[125] Morley S K, Ables S T, Sciffer M D, et al. Multipoint observations of Pc1-2 waves in the afternoon sector[J]. Journal of Geophysical Research: Space Physics, 2009.

[126] Mourenas D, Ma Q, Artemyev A V, et al. Scaling laws for the inner structure of the radiation belts[J]. Geophysical Research Letters, 2017.

[127] Ni B, Thorne R M, Shprits Y Y, et al. Resonant scattering of plasma sheet electrons by whistler-mode chorus: Contribution to diffuse auroral precipitation [J]. Geophysical Research Letters, 2008.

[128] Ni B, Thorne R, Liang J, et al. Global distribution of electrostatic electron cyclotron harmonic waves observed on THEMIS[J]. Geophysical Research Letters, 2011.

[129] Ni B, Thorne R M, Horne R B, et al. Resonant scattering of plasma sheet electrons leading to diffuse auroral precipitation: 1. Evaluation for electrostatic electron cyclotron harmonic waves[J]. Journal of Geophysical Research: Space Physics, 2011.

[130] Ni B, Liang J, Thorne R M, et al. Efficient diffuse auroral electron scattering by electrostatic electron cyclotron harmonic waves in the outer magnetosphere: A detailed case study[J]. Journal of Geophysical Research: Space Physics, 2012.

[131] Ni B, Bortnik J, Thorne R M, et al. Resonant scattering and resultant pitch angle evolution of relativistic electrons by plasmaspheric hiss[J]. Journal of Geophysical Research: Space Physics, 2013.

[132] Ni B, Bortnik J, Nishimura Y, et al. Chorus wave scattering responsible for the Earth's dayside diffuse auroral precipitation: A detailed case study[J]. Journal of Geophysical Research: Space Physics, 2014.

[133] Ni B, Cao X, Zou Z, et al. Resonant scattering of outer zone relativistic elec-

trons by multiband EMIC waves and resultant electron loss time scales[J]. Journal of Geophysical Research: Space Physics, 2015.

[134] Ni B, Thorne R M, Zhang X, et al. Origins of the Earth's diffuse auroral precipitation[J]. Space Science Reviews, 2016.

[135] Ni B, Gu X, Fu S, et al. A statistical survey of electrostatic electron cyclotron harmonic waves based on THEMIS FFF wave data[J]. Journal of Geophysical Research: Space Physics, 2017.

[136] Ni B, Cao X, Shprits Y Y, et al. Hot plasma effects on the cyclotron-resonant pitch-angle scattering rates of radiation belt electrons due to EMIC waves[J]. Geophysical Research Letters, 2018.

[137] Ni B, Huang H, Zhang W, et al. Parametric sensitivity of the formation of reversed electron energy spectrum caused by plasmaspheric hiss[J]. Geophysical Research Letters, 2019.

[138] Ni B, Hua M, Gu X, et al. Artificial modification of Earth's radiation belts by ground-based very-low-frequency (VLF) transmitters[J]. Science China Earth Sciences, 2022.

[139] Ni B, Zhang Y, Gu X. Identification of ring current proton precipitation driven by scattering of electromagnetic ion cyclotron waves[J]. Fundamental Research, 2023a

[140] Ni B, Summers D, Xiang Z, et al. Unique Banded Structures of Plasmaspheric Hiss Waves in the Earth's Magnetosphere[J]. Journal of Geophysical Research: Space Physics, 2023b.

[141] Nishimura Y, Bortnik J, Li W, et al. Identifying the driver of pulsating aurora[J]. science, 2010.

[142] Nishimura Y, Bortnik J, Li W, et al. Multievent study of the correlation between pulsating aurora and whistler mode chorus emissions[J]. Journal of Geophysical Research: Space Physics, 2011.

[143] Pickett J S, Grison B, Omura Y, et al. Cluster observations of EMIC triggered emissions in association with Pc1 waves near Earth's plasmapause[J]. Geophysical Research Letters, 2010.

[144] Posch J L, Engebretson M J, Olson C N, et al. Low-harmonic magnetosonic waves observed by the Van Allen Probes[J]. Journal of Geophysical Research: Space Physics, 2015.

[145] Rankin R, Kabin K, Lu J Y, et al. Magnetospheric field-line resonances: Ground-based observations and modeling[J]. Journal of Geophysical Research: Space Physics, 2005.

[146] Hernandez G, Roble R G, Ridley E C, et al. Thermospheric response observed over Fritz Peak, Colorado, during two large geomagnetic storms near solar cycle maximum[J]. Journal of Geophysical Research: Space Physics, 1982.

[147] Reeves G D, Spence H E, Henderson M G, et al. Electron acceleration in the heart of the Van Allen radiation belts[J]. Science, 2013.

[148] Reeves G D, Friedel R H W, Larsen B A, et al. Energy-dependent dynamics of keV to MeV electrons in the inner zone, outer zone, and slot regions[J]. Journal of Geophysical Research: Space Physics, 2016.

[149] Roberts C S, Schulz M. Bounce resonant scattering of particles trapped in the Earth's magnetic field[J]. Journal of Geophysical Research, 1968.

[150] Roeder J L, Koons H C. A survey of electron cyclotron waves in the magnetosphere and the diffuse auroral electron precipitation[J]. Journal of Geophysical Research: Space Physics, 1989.

[151] Meredith N P, Horne R B, Clilverd M A, et al. An investigation of VLF transmitter wave power in the inner radiation belt and slot region[J]. Journal of Geophysical Research: Space Physics, 2019.

[152] Russell C T, Holzer R E, Smith E J. OGO 3 observations of ELF noise in the magnetosphere: 1. Spatial extent and frequency of occurrence[J]. Journal of Geophysical Research, 1969.

[153] Santolík O, Pickett J S, Gurnett D A, et al. Spatiotemporal variability and propagation of equatorial noise observed by Cluster[J]. Journal of Geophysical Research: Space Physics, 2002.

[154] Santolík O, Gurnett D A, Pickett J S, et al. Spatio-temporal structure of storm-time chorus[J]. Journal of Geophysical Research: Space Physics, 2003.

[155] Santolík O, Pickett J S, Gurnett D A, et al. Survey of Poynting flux of whistler mode chorus in the outer zone[J]. Journal of Geophysical Research: Space Physics, 2010.

[156] Scarf F L, Fredricks R W, Kennel C F, et al. Satellite studies of magnetospheric substorms on August 15, 1968: 8. Ogo 5 plasma wave observations[J]. Journal of Geophysical Research, 1973.

[157] Selesnick R S, Albert J M, Starks M J. Influence of a ground-based VLF radio transmitter on the inner electron radiation belt[J]. Journal of Geophysical Research: Space Physics, 2013.

[158] Shi R, Li W, Ma Q, et al. Systematic evaluation of low-frequency hiss and energetic electron injections[J]. Journal of Geophysical Research: Space Physics, 2017.

[159] Shprits Y Y, Subbotin D, Ni B. Evolution of electron fluxes in the outer radiation belt computed with the VERB code[J]. Journal of Geophysical Research: Space Physics, 2009.

[160] Zheng R, Gao J, Wang J, et al. Reversible temperature regulation of electrical and thermal conductivity using liquid-solid phase transitions[J]. Nature communications, 2011.

[161] Shprits Y Y, Kellerman A, Aseev N, et al. Multi-MeV electron loss in the heart of the radiation belts[J]. Geophysical Research Letters, 2017.

[162] Sonwalkar V S, Inan U S. Lightning as an embryonic source of VLF hiss[J]. Journal of Geophysical Research: Space Physics, 1989.

[163] Southwood D J, Kivelson M G. Charged particle behavior in low-frequency geomagnetic pulsations 1. Transverse waves[J]. Journal of Geophysical Research: Space Physics, 1981.

[164] Southwood D J, Kivelson M G. Charged particle behavior in low-frequency geomagnetic pulsations, 2. Graphical approach[J]. Journal of Geophysical Research: Space Physics, 1982.

[165] Su Z, Liu N, Zheng H, et al. Large-amplitude extremely low frequency hiss waves in plasmaspheric plumes[J]. Geophysical Research Letters, 2018.

[166] Summers D, Ma C, Meredith N P, et al. Model of the energization of outer-zone electrons by whistler-mode chorus during the October 9, 1990 geomagnetic storm[J]. Geophysical Research Letters, 2002.

[167] Ruckstuhl C, Norris J R. How do aerosol histories affect solar "dimming" and "brightening" over Europe?: IPCC-AR4 models versus observations[J]. Journal of Geophysical Research: Atmospheres, 2009.

[168] Summers D. Quasi-linear diffusion coefficients for field-aligned electromagnetic waves with applications to the magnetosphere[J]. Journal of Geophysical Research: Space Physics, 2005.

[169] Summers D , And B N , Meredith N P . Timescales for radiation belt electron acceleration and loss due to resonant wave-particle interactions: 1. Theory[J]. Journal of Geophysical Research: Space Physics, 2007.

[170] Summers D, Ni B, Meredith N P. Timescales for radiation belt electron acceleration and loss due to resonant wave-particle interactions: 2. Evaluation for VLF chorus, ELF hiss, and electromagnetic ion cyclotron waves[J]. Journal of Geophysical Research: Space Physics, 2007b.

[171] Summers D, Ni B, Meredith N P, et al. Electron scattering by whistler-mode ELF hiss in plasmaspheric plumes[J]. Journal of Geophysical Research: Space

Physics，2008.

[172] Tao X，Bortnik J，Albert J M，et al. Comparison of quasilinear diffusion coefficients for parallel propagating whistler mode waves with test particle simulations[J]. Geophysical Research Letters，2011.

[173] Tao X. A numerical study of chorus generation and the related variation of wave intensity using the DAWN code[J]. Journal of Geophysical Research：Space Physics，2014.

[174] Thorne R M，Kennel C F. Relativistic electron precipitation during magnetic storm main phase[J]. Journal of Geophysical research，1971.

[175] Thorne R M，Smith E J，Burton R K，et al. Plasmaspheric hiss[J]. Journal of Geophysical Research，1973.

[176] Thorne R M，Ni B，Tao X，et al. Scattering by chorus waves as the dominant cause of diffuse auroral precipitation[J]. Nature，2010.

[177] Thorne R M，Li W，Ni B，et al. C. a. Kletzing，WS Kurth，GB Hospodarsky，JB Blake，JF Fennell，SG Claudepierre，and SG Kanekal（2013），Rapid local acceleration of relativistic radiation-belt electrons by magnetospheric chorus[J]. Nature，2013.

[178] Tsurutani B T，Smith E J. Postmidnight chorus：A substorm phenomenon[J]. Journal of Geophysical Research，1974.

[179] Tsurutani B T，Smith E J. Two types of magnetospheric ELF chorus and their substorm dependences[J]. Journal of Geophysical Research，1977.

[180] Tsurutani B T，Falkowski B J，Verkhoglyadova O P，et al. Dayside ELF electromagnetic wave survey：A Polar statistical study of chorus and hiss[J]. Journal of Geophysical Research：Space Physics，2012.

[181] Tsurutani B T，Falkowski B J，Pickett J S，et al. Extremely intense ELF magnetosonic waves：A survey of polar observations[J]. Journal of Geophysical Research：Space Physics，2014.

[182] Usanova M E，Mann I R，Rae I J，et al. Multipoint observations of magnetospheric compression-related EMIC Pc1 waves by THEMIS and CARISMA[J]. Geophysical Research Letters，2008.

[183] Vampola A L，Kuck G A. Induced precipitation of inner zone electrons，1. Observations[J]. Journal of Geophysical Research：Space Physics，1978.

[184] Xiang Z，Tu W，Li X，et al. Understanding the mechanisms of radiation belt dropouts observed by Van Allen Probes[J]. Journal of Geophysical Research：Space Physics，2017.

[185] Xiang Z，Li X，Ni B，et al. Dynamics of energetic electrons in the slot region

during geomagnetically quiet times: Losses due to wave-particle interactions versus a source from cosmic ray albedo neutron decay (CRAND)[J]. Journal of Geophysical Research: Space Physics, 2020.

[186] Xiang Z, Lin X H, Chen W, et al. Global morphology of NWC and NAA very-low-frequency transmitter signals in the inner magnetosphere: A survey using Van Allen Probes EMFISIS measurements[J]. Chinese Journal of Geophysics, 2021.

[187] Xiao F, Su Z, Zheng H, et al. Modeling of outer radiation belt electrons by multidimensional diffusion process[J]. Journal of Geophysical Research: Space Physics, 2009.

[188] Xiao F, Yang C, Zhou Q, et al. Nonstorm time scattering of ring current protons by electromagnetic ion cyclotron waves[J]. Journal of Geophysical Research: Space Physics, 2012.

[189] Xiao F, Yang C, Su Z, et al. Wave-driven butterfly distribution of Van Allen belt relativistic electrons[J]. Nature communications, 2015.

[190] Yuan Z, Ouyang Z, Yu X, et al. Global distribution of proton rings and associated magnetosonic wave instability in the inner magnetosphere[J]. Geophysical Research Letters, 2018.

[191] Zhang W, Ni B, Huang H, et al. Statistical properties of hiss in plasmaspheric plumes and associated scattering losses of radiation belt electrons[J]. Geophysical Research Letters, 2019.

[192] Zhang X Y, Zong Q G, Wang Y F, et al. ULF waves excited by negative/positive solar wind dynamic pressure impulses at geosynchronous orbit[J]. Journal of Geophysical Research: Space Physics, 2010.

[193] Zhang X, Angelopoulos V. On the relationship of electrostatic cyclotron harmonic emissions with electron injections and dipolarization fronts[J]. Journal of Geophysical Research: Space Physics, 2014.

[194] Zhang X J, Angelopoulos V, Ni B, et al. Predominance of ECH wave contribution to diffuse aurora in Earth's outer magnetosphere[J]. Journal of Geophysical Research: Space Physics, 2015.

[195] Zhang X, Angelopoulos V, Artemyev A V, et al. Beam-driven ECH waves: A parametric study[J]. Physics of Plasmas, 2021.

[196] Zhao H, Ni B, Li X, et al. Plasmaspheric hiss waves generate a reversed energy spectrum of radiation belt electrons[J]. Nature Physics, 2019.

[197] Zhao H, Johnston W R, Baker D N, et al. Characterization and evolution of radiation belt electron energy spectra based on the Van Allen Probes measure-

ments[J]. Journal of Geophysical Research：Space Physics，2019.

[198] Zhou R，Fu S，Ni B，et al. Parametric dependence of the formation of electron butterfly pitch angle distribution driven by magnetosonic waves[J]. Journal of Geophysical Research：Space Physics，2020.

[199] Zhou Q，Jiang Z，Yang C，et al. Correlated observation on global distributions of magnetosonic waves and proton rings in the radiation belts[J]. Journal of Geophysical Research：Space Physics，2021.

[200] Zhu Q，Cao X，Gu X，et al. Empirical loss timescales of slot region electrons due to plasmaspheric hiss based on Van Allen Probes observations[J]. Journal of Geophysical Research：Space Physics，2021.

[201] Zou Z，Zuo P，Ni B，et al. Wave normal angle distribution of fast magnetosonic waves：A survey of Van Allen Probes EMFISIS observations[J]. Journal of Geophysical Research：Space Physics，2019.

[202] Zong Q，Rankin R，Zhou X. The interaction of ultra-low-frequency pc3-5 waves with charged particles in Earth's magnetosphere[J]. Reviews of Modern Plasma Physics，2017.